JN082918

EXAMPRESS® マイクロソフト認定資格学習書

Microsoft

Azure

Fundamentals

エディフィストラーニング(株)
田島静、西野和昭、横山依子

試験番号 **AZ-900**

SHOEISHA

■本書内容に関するお問い合わせについて

このたびは翔泳社の書籍をお買い上げいただき、誠にありがとうございます。弊社では、読者の皆様からのお問い合わせに適切に対応させていただくため、以下のガイドラインへのご協力をお願い致しております。下記項目をお読みいただき、手順に従ってお問い合わせください。

●ご質問される前に

弊社Webサイトの「正誤表」をご参照ください。これまでに判明した正誤や追加情報を掲載しています。

正誤表　https://www.shoeisha.co.jp/book/errata/

●ご質問方法

弊社Webサイトの「書籍に関するお問い合わせ」をご利用ください。

書籍に関するお問い合わせ　https://www.shoeisha.co.jp/book/qa/

インターネットをご利用でない場合は、FAXまたは郵便にて、下記"翔泳社　愛読者サービスセンター"までお問い合わせください。

電話でのご質問は、お受けしておりません。

●回答について

回答は、ご質問いただいた手段によってご返事申し上げます。ご質問の内容によっては、回答に数日ないしはそれ以上の期間を要する場合があります。

●ご質問に際してのご注意

本書の対象を超えるもの、記述個所を特定されないもの、また読者固有の環境に起因するご質問等にはお答えできませんので、予めご了承ください。

●郵便物送付先およびFAX番号

送付先住所　〒160-0006　東京都新宿区舟町5

FAX番号　03-5362-3818

宛先　　（株）翔泳社　愛読者サービスセンター

はじめに

　2010年にMicrosoft Azure（当時はWindows Azure）が登場して、今年で13年になります。Microsoft Azureは世界中の多くの企業で導入されており、Microsoft Azureを勉強するユーザー数も増え続けています。

　本書はMicrosoft Azureの初学者を対象とした認定試験である「AZ-900：Microsoft Azure Fundamentals」の解説書です。AZ-900は基礎編という位置付けの認定試験であるため、入社したばかりの新人の方から、営業の方、管理職の方、ITエンジニアの方まで、様々な立場の方が受験している試験です。しかし、AZ-900は基礎編という位置付けでありながら、Azureが提供するさまざまなサービスが試験範囲となっているため、独学で試験の全範囲を効率よく勉強するのは困難です。そこで本書ではAzureを初めて勉強する方にも理解しやすいように、極力丁寧に用語を解説し、イメージしやすいように図を沢山盛り込んでいます。試験を受ける際の準備としては、本書を熟読していただくことはもちろんですが、特に各章に度々登場する「ここがポイント」をしっかり覚えてください。そして章末問題、模擬問題を完全に解けるように頑張ってください。

　最後になりましたが、本書の出版の機会を与えていただいた株式会社翔泳社の佐藤善昭様、前園雄太様に心より感謝いたします。

エディフィストラーニング株式会社

田島 静、西野 和昭、横山 依子

CONTENTS

MCPの概要について

◆MCP（Microsoft Certifications Program）とは

　MCP（Microsoft Certifications Program）は、Microsoftが実施する認定資格のことで、Microsoftが提供するさまざまな製品について、知識や経験があるかを問うものです。

　試験に合格することで、製品に対する深い知識があることを証明したり、資格の称号を得ることができます。このプログラムは、グローバルで実施しているものであるため、認定資格の取得はさまざまな国でアピールすることができます。

◆試験と資格

　MCP試験は、多くの科目が用意されています。1つの試験に合格することで、1つの資格に認定されるものもあれば、複数の試験に合格しないと認定されない資格もあります。

　そのため、取得したい資格の称号を得るために、どのような試験を受ければよいのかをMicrosoftのホームページで確認する必要があります。

　参照：Microsoftの認定資格
　https://learn.microsoft.com/ja-jp/certifications/

◆試験のレベル

　MCP試験は、次の3つのレベルがあります。

● 初級（Fundamentals）

　特定の製品やサービスについて幅広く知識を問う試験です。

　これから製品について学びたい技術者や営業担当者、新入社員など多くの方に適した試験です。本書で扱っているFundamentals資格は、初級に位置付けられます。

● 中級（Associate・Specialty）

　特定の製品やサービスについて、専門知識を問う試験です。

　既に、該当の製品やサービスについて運用経験のある技術者が、スキルを証明するために適した試験です。また、特定の資格の称号得るための必須科目となる場合もあります。

- **上級（Expert）**
  特定の製品やサービスについて、エキスパートレベルの運用経験や知識を持つ技術者向けの試験です。設計や構築、運用、管理など幅広い内容が深く問われます。

◆Fundamentals資格について
　合格することで、「Fundamentals」の称号を受けることができる試験があります。主に、次のようなものです（一例）。

　AZ-900：Microsoft Azureの基礎
　MS-900：Microsoft 365基礎
　SC-900：Microsoftセキュリティ、コンプライアンス、IDの基礎
　AI-900：Microsoft Azure AI Fundamentals
　DP-900：Microsoft Azureのデータの基礎
　PL-900：Microsoft Power Platform基礎

　例えば、AZ-900：Microsoft Azureの基礎に合格すると、Microsoft Certified：Azure Fundamentalsの資格の称号を得ることができます。
　これから、Microsoftの製品について学びたい方は、まずはFundamentalsの称号を取得することを目指し、その後、中級、上級の資格にチャレンジするのが良いでしょう。

試験の申込について

◆試験の申込方法

試験は、次の手順で申し込みます。

> Step1：MSA（Microsoftアカウント）の取得

> Step2：Microsoftの試験ページから、試験の申し込み

> Step3：Pearson VUEのページで試験会場や試験日時を決定

- Step1：MSA（Microsoftアカウント）の取得

  MCP試験を申し込むためには、Microsoftアカウントの取得が必須です。
  Microsoftアカウントに試験の結果や受験履歴などが保存されます。
  Microsoftアカウントの作成は、以下のページから行うことができます。

  Microsoftアカウントの作成
  https://account.microsoft.com/account?lang=ja-jp

- Step2：Microsoftの試験ページから、試験の申し込み

  Microsoftが提供する試験ページにアクセスします。
  たとえば、AZ-900の場合は次のページです。

  試験AZ-900：Microsoft Azureの基礎
  https://learn.microsoft.com/ja-jp/certifications/exams/az-900/

  上記のページにアクセスすると、［試験のスケジュール設定］セクションに
  ［Pearson VUE］でスケジュールというボタンが表示されるためクリックし
  ます。
  Microsoftアカウントでのサインインを求められるため、Step1で作成した
  Microsoftアカウントの資格情報を入力してサインインします。
  認定資格プロファイルの情報が表示されるため、間違いがないことを確認し、
  Pearson VUEのサイトに移動します。

- Step3：Pearson VUEのページで試験会場や試験日時を決定
  Pearson VUEのサイトで、試験会場で受験するか、オンラインで受験するか
  などの指定を行います。また試験の日時などを決定し、支払い方法の指定な
  どを行います。

AZ-900（Microsoft Azureの基礎）について

◆概要
　AZ-900の試験は、「Azure Fundamentals」の資格を取得するためのものです。一般的なクラウドの概念およびMicrosoft Azureに関する基本的な知識が問われます。また、Azureアーキテクチャコンポーネント、Azureサービス、Azureをセキュリティで保護・制御・管理するための機能とツールについて説明できることが求められます。

　その他の試験に関する概要は、以下の通りです（2023年8月時点）。

●AZ-900試験の概要

受験資格	なし
試験日程	随時
試験時間	45分（着席時間は65分）
受験場所	全国のテストセンターもしくはオンライン受験
問題形式	・択一問題　　・並び替え問題 ・ドラッグアンドドロップ　・プルダウン問題　・複数選択問題
合格スコア	700以上（最大1000）
受験料	12,500円（税別）

◆試験範囲
　出題範囲と、それぞれの分野が占める割合は以下の通りです（2023年7月31日時点）。

●出題範囲と点数の割合

出題範囲	点数の割合
クラウドの概念について説明する	25-30%
Azure のアーキテクチャとサービスについて説明する	35-40%
Azure の管理とガバナンスについて説明する	30-35%

　なお、最新の出題範囲や比重は変更される可能性がありますので、詳しくは公式ページの以下のURLをご参照ください。

● 「試験 AZ-900: Microsoft Azureの基礎の学習ガイド」
　https://learn.microsoft.com/ja-jp/certifications/exams/az-900/

本書の使い方

本書は、「Microsoft Azure Fundamentals試験（AZ-900）」を受験し、合格したいと考えられている方のための学習書です。本書の執筆においては、2023年7月のスクリーンキャプチャを用いています。本書に記載の解説・画面などは、この環境で作成しています。

● 理解度チェック

各章の扉にその章で学習する項目の一覧とチェックボックスを用意しています。受験の直前などに、ご自身の理解度のチェックをする際に便利です。

● 第1章～第8章

合格のために習得すべき項目を、出題範囲に則って第1章から第8章に分けて解説しています。

試験で正答するために必要となる重要な事項を紹介します。本文で言及していない内容が含まれる場合がありますので、必ず目を通してください。

間違えやすい事項など、注意すべきポイントを示しています。

関連する情報や詳細な情報が記載されている参照先やURLなどを示します。

試験で正解にたどり着くために知っておくと便利な事項や参考情報を示します。

● 操作手順

　操作の方法等は、画面を追って順に解説します。実際に手を動かしながら学習
する際の参考になります。また、実機がない環境での学習の手助けにもなります。

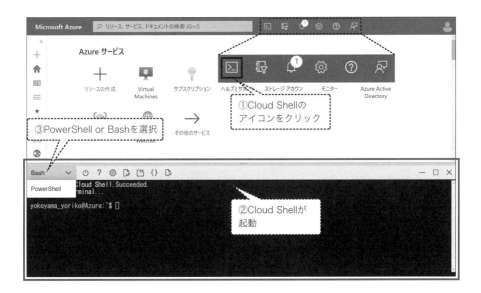

● コマンド、改行

　紙面の都合上、コマンドなどを改行する場合は、改行マーク（⇒）を挿入して
います。

● 練習問題

　各章末には、学習の到達度を試すための練習問題が用意されています。復習べ
き箇所は 🖋復習 のように記載してあります。

● 模擬問題

　巻末に模擬問題が用意されています。問題の後に簡潔な解説がありますが、よ
くわからなかった箇所は本文に戻って復習しておくとよいでしょう。復習べき箇
所は 🖋復習 のように記載してあります。

　また、本試験の受験までに、各章の練習問題と巻末の模擬問題のすべての問題
を解けるようにしておくことをお勧めします。

読者特典ダウンロードのご案内

本書の読者特典として、「最新の試験情報」および「ボーナス問題」を提供いたします。

● 最新の試験情報

Microsoft Azure Fundamentals試験（AZ-900）は、対象がクラウドにおけるサービスであるため、試験の内容は不定期に更新されます。刊行後に大きな改訂や変更が行われた場合は、「最新の試験情報」としてPDFファイルで提供する予定です。

● ボーナス問題

刊行時（2023年9月）の最新傾向に合わせた問題70問のPDFファイルを提供いたします。刊行後に大きな改訂や出題傾向の変更があった場合には、問題を追加する予定です。

提供サイト：https://www.shoeisha.co.jp/book/present/9784798180809

アクセスキー：本書のいずれかのページに記載されています（Webサイト参照）

※ダウンロードファイルの提供開始は2023年9月末頃の予定です。
※ファイルのダウンロードには、SHOEISHA iD（翔泳社が運営する無料の会員制度）への会員登録が必要です。詳しくは、Webサイトをご覧ください。
※ダウンロードしたデータを許可なく配布したり、Webサイトに転載することはできません。
※ダウンロードファイルの提供は、本書の出版後一定期間を経た後に予告なく終了することがあります。

第 **1** 章

クラウドの概念

Microsoft Azureはマイクロソフトのクラウドサービスです。この章ではクラウドの概念やクラウドを利用するメリットなどを説明します。

理解度チェック

- ☐ クラウドコンピューティング
- ☐ オンデマンドセルフサービス
- ☐ CAPEXとOPEX
- ☐ 耐障害性、フォールトトレランス
- ☐ リージョン
- ☐ 可用性ゾーン
- ☐ 地理的分散（geo-distribution）
- ☐ スケーラビリティ

- ☐ 弾力性（Elasticity）
- ☐ 機敏性（Agility）
- ☐ クラウドモデル（パブリッククラウド、プライベートクラウド、ハイブリッドクラウド）
- ☐ クラウドコンピューティングのサービスモデル（IaaS、PaaS、SaaS）

1.1　クラウドの概要

　私たちは会社の業務でさまざまなサーバーにアクセスして仕事をしています。たとえば、メールを確認したい場合はメールサーバーにアクセスし、共有フォルダーにアクセスしたい場合はファイルサーバーにアクセスします。また業務アプリにアクセスしたい場合は、アプリケーションサーバーにアクセスします。クラウドが登場する以前は、一般的にそれらのサービスを提供するサーバーは、会社のサーバールームやデータセンターに設置されており、IT部門の従業員により運用管理されていました（図1.1）。

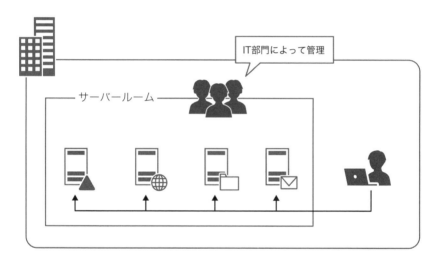

図1.1：従来のサーバーの構成パターン

　しかし、2006年にはAmazonが企業向けのクラウドサービスの提供を開始し、追随するようにGoogleやMicrosoftもサービスの提供を開始しました。2010年頃から、企業でのクラウドサービスの活用が盛んになっています。ここでは、クラウドの概要や利用するメリットなどを解説します。

1.1.1　クラウドとは

　クラウド（クラウドコンピューティング）とは、クラウドサービスプロバイダー（クラウド事業者）が保有、運用管理しているサーバー、ストレージ、ネッ

トワーク機器などをインターネット経由で利用できるサービスです。クラウドを利用すると、ユーザーのPCや企業内のサーバーなどに保存していたアプリやデータなどを、インターネット上のクラウドサービスプロバイダーのサーバーやストレージに保存することができます。クラウドを利用すると、ユーザーはインターネットに接続できれば、いつでもどこからでも、アプリやデータにアクセスすることができます。

　一方、クラウドと対比的に使われる言葉が「オンプレミス（On-Premises）」です。「Premises」とは敷地内という意味で、「オンプレミス」は企業内にサーバーやネットワーク機器などを設置してシステムを運用する形態のことです（図1.2）。

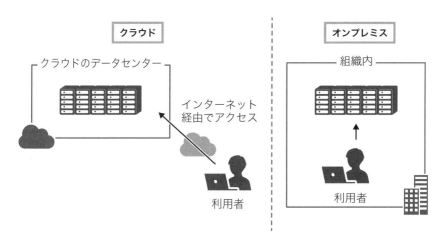

図1.2：クラウドとオンプレミスの比較

　クラウドでは仮想化技術が使われており、1台の物理サーバー上に多数の仮想マシン（Virtual Machine:VM）を稼働させて利用することができます。仮想マシンとは、仮想化ソフトウェアによってサーバー上に作成されたマシン（コンピューター）のことで、仮想マシンには物理サーバーと同じように、さまざまなOS、アプリケーションをインストールすることができます。たとえば、クラウド上に作成した仮想マシンをアプリケーションサーバーとして構成したとします。ユーザーは、物理サーバーに構成されているアプリケーションサーバーと同じように、ネットワークを介して、仮想マシンのサービスを利用することができます。

　このように、仮想マシンを利用して各種サーバーを構築したとしても、ユーザーは仮想マシンで実行されているサービスなのか、物理サーバー上で実行されているサービスなのかを意識することなく利用できます。

　前述したように、仮想化を利用すると1台の物理サーバー上に複数の仮想マシンを同時に稼働させることができるため、物理サーバーの台数を減らすことができるという利点があります。たとえば3台のWebサーバーが必要な場合、仮想化を利用しないと物理サーバーを3台用意する必要がありますが、仮想化を利用すると、1台の物理サーバー上で3台の仮想マシンを動かすことができます（図1.3）。仮想化を利用すると、余りがちなサーバーリソースを効率よく使うことができ、何台もの物理サーバーを用意する必要がないためコスト削減にも繋がります。

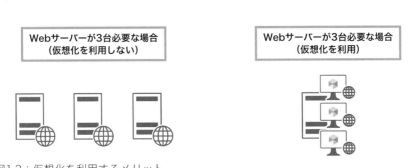

図1.3：仮想化を利用するメリット

　またクラウドではサーバーだけではなく、ネットワークにも仮想化技術が使われています。オンプレミスでは、ネットワークの構成を変更するには、ルーターやスイッチなどのネットワーク機器の設定を変更し、LANケーブルの配線も行わなければなりません。しかしクラウドでは、仮想マシンと同様にネットワークもソフトウェアで自由に構築や制御を行うことができます。要件に合わせて複数の仮想ネットワークを作成したり、1つの仮想ネットワークを複数のセグメントに分割するなど、管理ポータルの操作で簡単に必要な構成のネットワークを作成できます。このようにクラウドでは、管理ポータル画面での操作で、人手を介することなく、自動的に仮想マシンや仮想ネットワークなどを作成することができます。このような仕組みを「オンデマンドセルフサービス」と呼びます（図1.4）。

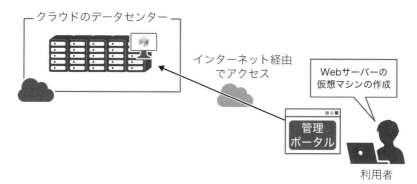

図1.4：オンデマンドセルフサービス

ここが
ポイント

> クラウドはオンデマンドセルフサービスにより、管理ポータルから仮想マシンや仮想ネットワークなどの作成を行うことができます。

■Microsoft Azure

Microsoft Azureは、マイクロソフトが提供するクラウドサービスです。Azureは2010年10月に「Windows Azure」としてサービスを開始し、2014年に現在の「Microsoft Azure」に名称変更しました。Azureは世界中で幅広く利用されており、Amazonの「AWS（Amazon Web Services）」やGoogleの「GCP（Google Cloud Platform）」とともに3大クラウドと呼ばれています。マイクロソフトは世界中にデータセンターを設置しており、200を超える製品とサービスを提供しています。

1.1.2 クラウドを利用するメリット

クラウドを利用すると、さまざまなメリットが得られます。ここでは、クラウドを利用することで得られる4つのメリットを紹介します。

■コスト削減

クラウドを利用すると、事前にサーバーなどのハードウェアを用意する必要がないため、初期費用が発生しません。また、クラウドサービスプロバイダーのコンピューティングリソースを他の利用者（組織）と共有するため、安価にクラウドサービスを利用することができます。クラウドは基本的に従量課金による請求

で、利用した分だけ支払います。

　CAPEX（Capital Expenditure）とは「資本的支出」のことで、資本とみなされる物品・財に対し、それらの資産価値を維持するための支出の総称です。簡単にいうと「設備投資」のことです。クラウドではCAPEXが不要になる代わりに、利用した分だけ支払う運用コストが発生します。CAPEXに対して、運用コストのことを「OPEX（Operating Expenditure）」と呼びます。

ポイント

> クラウドを利用するとサーバーなどのハードウェアを購入する必要がないためCAPEX（設備投資）は不要です。一方、サービスを利用したことによる従量課金のコスト、OPEX（運用コスト）が発生します。

■ 障害対策機能

　クラウドには、高可用性を実現するためのさまざまな仕組みが備わっています。高可用性とは、可用性（Availability）が高い状態のことで、システムが停止する頻度や時間が極力少ないことを指します。重要な役割を担っているサーバーに障害が発生すると組織の業務に大きな影響が出るため、それらのサーバーには高可用性を実現する何らかの仕組みが必要です。

　たとえば、高可用性が必要なサーバーとして、メールサーバーを例に考えてみましょう。一般的に企業では、従業員同士や取引先等と連絡をし合うのに多くの場面でメールを使用するため、メールが利用できないと業務に大きな支障が出ます。メールを送受信する時に、Outlookなどのメールソフトから自分のメールボックスのあるメールサーバーに接続します。そして、メールボックスに配信されているメールを表示したり、メールを他のユーザーに送信したりします。しかし、メールサーバーに障害が発生すると、メールソフトを起動してもメールサーバーに接続することはできず、届いているメールを確認することもできません（図1.5）。

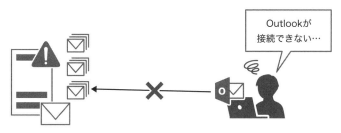

図1.5：メールサーバーの障害

　そこでサーバーを管理している管理者は、メールサーバーのような障害が発生すると業務に大きな支障が出るサーバーに対して、サーバーがダウンしないような仕組みを利用します。一般的には、ハードウェアやシステムを二重化、または三重化して、障害が発生しても継続してサービスを提供できるようにします。これを「フォールトトレランス」または「耐障害性」と呼びます。

　たとえば、サーバーの障害に対応するための機能として「クラスター」があります。クラスターは、障害対策のために複数台のサーバーをあたかも1台のサーバーかのように構成します。クラスターを構成すると、クラスター内のアクティブなノードがサービスを提供しますが、アクティブノードに障害が発生すると自動的に「フェールオーバー（切り替え）」が行われます。そして、スタンバイノードがアクティブに昇格して、引き続きサービスを提供します（図1.6）。これによりサーバーに障害が発生しても、システムの停止時間を最小限にすることができます。

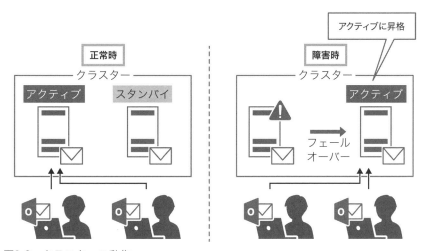

図1.6：クラスターの動作

　基本的にクラスターは、データセンターの障害や大災害が発生した場合の地域の障害には対応できません。そこでAzureなどのクラウドには、データセンターの障害や地域の障害に対応するための構成が用意されています。

> 「フォールトトレランス」または「耐障害性」とは、ハードウェアやシステムを二重化、または三重化して、障害が発生しても継続してサービスを提供できるようにするための仕組みです。

■ データセンターの障害対策

　マイクロソフトは世界中にデータセンターを所有しており、データセンターのある地域を「リージョン」と呼びます。リージョンは世界中に60以上あり、リソース不足に対応するために日々増設が行われています。負荷分散や障害対策を考慮して仮想マシンを複数台作成したとしても、データセンターに障害が発生すると、すべてのサーバーがダウンしてアクセスができなくなる可能性があります。

　そこでAzureには、データセンターの障害に対応するための仕組みが用意されています。Azureの大きな規模のリージョンには、遅延のないネットワークで接続されたデータセンター（ゾーン）が3つあり、障害に備えてデータセンターをまたいだ構成ができます。これを「可用性ゾーン（Availability Zone）」と呼びます。この仕組みを利用すると、仮想マシンをリージョン内の異なるデータセンターに分散して配置できるため、1つのデータセンターに障害が発生しても、リージョン内の他のデータセンターの仮想マシンに引き続きアクセスできます（図1.7）。

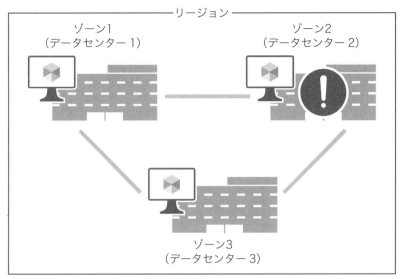

図1.7：データセンター障害対策（可用性ゾーン）

 可用性ゾーンについての詳細は、第2章の「2.1.4 可用性ゾーン」を参照してください。

データセンター障害に対応する仕組みとして、可用性ゾーンがあります。

■ 地域（リージョン）の障害対策

　大地震などが発生してリージョン全体がダウンしてしまうと、可用性ゾーンでは対応ができません。そこで、クラウドには他のリージョンに仮想マシンなどのデータをコピーする機能があります。その機能を使うことにより、大災害などでリージョンに障害が発生した場合でも、他のリージョンに切り替えることで、サービスの停止状態を短時間で復旧できます。このように災害対策を目的に、離れた地域にアプリやデータなどを分散配置させることを「geo分散（geo-distribution）」と呼びます。

ここが
ポイント

クラウドには災害対策を目的に、アプリやデータを離れた地域に分散配置させる「geo分散（geo-distribution）」の機能が備わっています。

Azureには、仮想マシンを他のリージョンに複製するサービスとして、「Azure Site Recovery（ASR）」サービスがあります。このサービスにより、メインのリージョンで障害が発生した場合は、セカンダリのリージョンにフェールオーバーすることで、仮想マシンを短時間で起動させることができます。他にもストレージアカウントのデータを他のリージョンに同期する機能や、バックアップデータを他のリージョンに同期する機能などがあります。

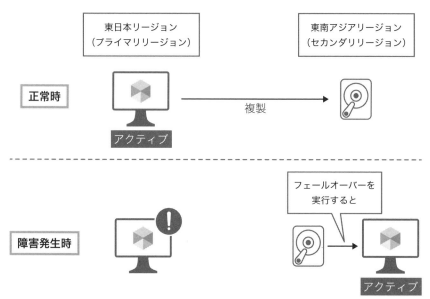

図1.8：Azure Site Recoveryの動作

たとえば、東日本リージョンの仮想マシンをAzure Site Recovery（ASR）サービスを使用して東南アジアリージョンに複製するように構成していたとします。東日本リージョンの仮想マシンに障害が発生した場合は、管理ポータルから「フェールオーバー」を実行するだけで、東南アジアリージョンに複製していたディスクが仮想マシン化されて起動し、短時間でセカンダリリージョンの仮想マ

シンに切り替えることができます（図1.8）。

　このようにクラウドには、さまざまな障害に対応するためのサービスが備わっており、追加でハードウェアなどを購入しなくても簡単に高可用性を実現できます。

■ 高いスケーラビリティ（Elasticity：弾力性）

　クラウドは、高いスケーラビリティも備えています。スケーラビリティとは、需要の変化に対応するために、ITリソースの増減を柔軟に行えるかどうかの度合いのことです。簡単にいうと、仮想マシンなどの処理能力を自由に増やせる能力です。たとえば、仮想マシンに負荷がかかり、思ったようなパフォーマンスが得られていない場合は、必要に応じて仮想マシンのスペックを簡単に上げることができます。物理サーバーのスペックを上げる場合は、CPUやメモリなどを購入し、サーバーの電源を落としてからサーバーのカバーを外し、交換などの作業を行う必要があります。しかし、クラウドの場合は管理ポータルから必要なスペックを選択するだけです。

　また、クラウドには必要に応じて仮想マシンの台数（インスタンス数）を自動的に増減させる機能があり、これを「自動スケール」と呼びます。たとえば、Webサーバーの役割を持つ仮想マシンがあり、アクセスが集中してパフォーマンスが著しく悪化しているとします。このような場合は、仮想マシンの台数を増やして負荷を分散させることでパフォーマンスを改善することができます。しかし、全く同じ構成の仮想マシンを手作業で追加するには、手間がかかります。そこでAzureには、「Azure Virtual Machine Scale Sets」というサービスがあり、仮想マシンのパフォーマンスデータを読み取って、自動的に台数を増やしたり、減らしたりすることができます（図1.9）。このように動的にリソースの割り当てを変更できることを「弾力性（Elasticity）」と呼びます。

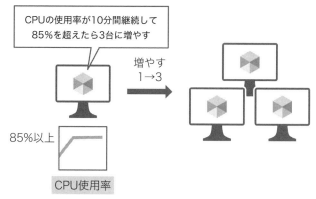

図1.9：パフォーマンスデータによる自動スケール

ここが
ポイント

クラウドには弾力性（Elasticity）の仕組みが備わっており、需要に基づいて動的にリソースの割り当てを変更できます。

また、Azure Virtual Machine Scale Setsはスケジュールに基づいた自動スケールも可能で、平日は4台、土日はアクセスが減るので2台というように、曜日で自動スケーリングを構成することもできます（図1.10）。

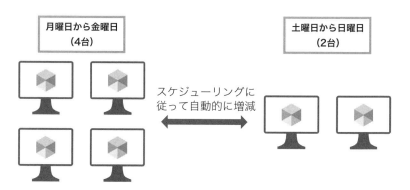

図1.10：曜日による自動スケール

参照 Azure Virtual Machine Scale Setsについての詳細は、第4章の「4.1.2 Azure Virtual Machine Scale Sets」を参照してください。

■ 機敏性（Agility）のあるシステム構築

クラウドを利用すると、ハードウェアなどの購入やセットアップ操作などが不要となり、管理ポータルからの操作で簡単にシステムを構築できます。これをクラウドの機敏性（Agility）と呼びます。たとえば、クラウドを利用せずにWebサーバーを構築する場合は、一般的に、サーバーなどのハードウェアを購入するところから始まります。購入には、事前の申請や納品にある程度の時間がかかります。そしてハードウェアが納品されたら、それをデータセンターなどに設置し、OSやアプリケーションなどの設定を行います。しかし、クラウドの場合は管理ポータルからの操作で、数分のうちにWebサーバーを作成することができます。このようにクラウドを利用すると、必要な時に迅速にシステムを構築できます。

ここがポイント

クラウドのメリットとして「機敏性（Agility）」があります。クラウドは、管理ポータルからの操作で、数分のうちに必要なサーバーなどを構築することができます。このようにクラウドを利用すると、必要な時に迅速にシステムを構築できます。

1.1.3 クラウドモデルとは

クラウドには、データの保管場所やアプリケーションの実行場所の違い、そして予算やセキュリティなどのニーズにより、3種類のクラウドモデルがあります。

■ パブリッククラウド

パブリッククラウドは、クラウドサービスプロバイダーが提供するサービスをインターネット経由で利用します。クラウドサービスプロバイダーが保有、管理しているサーバー、ストレージ、ネットワーク機器などを使わせてもらい、利用した分の料金を支払います（従量課金）。

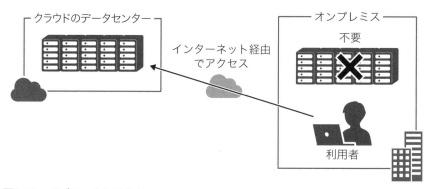

図1.11：パブリッククラウド

　クラウドサービスプロバイダーのサービスを利用するため、自社にサーバーなどのハードウェアは必要ありません（図1.11）。したがってCAPEX（設備投資など）は不要ですが、従量課金の支払いがあるためOPEX（管理コスト）が発生します。

　パブリッククラウドは、サーバーなどで障害が発生した場合の対応や、更新プログラムの適用などのメンテナンス作業は、クラウドサービスプロバイダー側で行います。したがって、利用者側の管理の負担を減らすことができるというメリットがあります。

　パブリッククラウドは、オンプレミス側にハードウェアは不要です。インターネット経由でクラウドサービスプロバイダーのサービスにアクセスします。

　パブリッククラウドは、CAPEX（設備投資など）の代わりにOPEX（運用コスト）が発生します。

　そしてパブリッククラウドには、ハードウェアを他の利用者と共有する「共有パブリッククラウド」と、ハードウェアを共有せずに占有する「専用パブリッククラウド」があります（図1.12）。

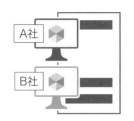 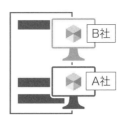 

A社専用の物理サーバー

図1.12：共有パブリッククラウドと専用パブリッククラウド

　一般的にパブリッククラウドといえば、共有パブリッククラウドを指します。共有パブリッククラウドは、他の組織とコンピューティングリソースを共有するため、コストが安価になります。一方、専用パブリッククラウドは、コンピューティングリソースを他の組織と共有することはありません。Azureには、専用パブリッククラウドのサービスとして、1つの組織がサーバーを占有して仮想マシンを実行できる「Azure専用ホスト（Azure Dedicated Host）」というサービスがあります。仮想マシンが稼働する物理サーバーを他の利用者と共有しないため、共有パブリッククラウドより高価になる可能性があります。組織のコンプライアンス上、専用サーバーが求められるような場合に使用します。

ここが
ポイント

クラウドは、一般的に他の組織とコンピューティングリソースを共有するため、コストが安価です。

■ プライベートクラウド
　プライベートクラウドは、自社のデータセンターなどに構築した仮想化の環境を自社のユーザーがネットワーク経由で利用します。組織がハードウェアの購入と管理の全責任を負うため、導入のコストと管理の負担がかかります（図1.13）。

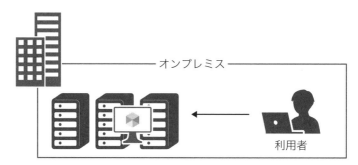

図1.13：プライベートクラウド

　しかし、特定のビジネス要件に合わせて仮想化環境をカスタマイズできるため、パブリッククラウドよりも高い柔軟性があります。またコンピューティングリソースが他の組織と共有されないため、高いセキュリティを実現できます。そしてパブリッククラウドと同様に仮想化技術を使用するため、クラウドのメリットの1つである高いスケーラビリティ（必要に応じて仮想マシンなどの性能を上げる）もあります。

プライベートクラウドは、自社の組織内にハードウェアを用意し、仮想化環境を作成します。初期費用は発生しますが、構成を自由にカスタマイズできるため、高い柔軟性があります。

プライベートクラウドは、他の組織とコンピューティングリソースを共有しないため、高いセキュリティを実現できます。

■ ハイブリッドクラウド

　ハイブリッドクラウドは、パブリッククラウドとプライベートクラウドを両方利用する「いいとこ取り」ができるモデルです（図1.14）。たとえば、オンプレミスに負荷がかかったらクラウドのリソースを使う、または機密度の高いデータはオンプレミスに置き、機密情報を含まないデータはクラウドに置くといった使い方ができます。

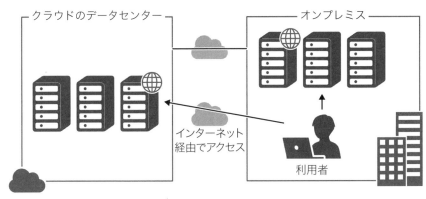

第1章

図1.14：ハイブリッドクラウド

ハイブリッドクラウドは、オンプレミスとクラウドの両方を利用するモデルです。

1.2 クラウドコンピューティングのサービスモデル

　クラウドコンピューティングには、クラウドの利用形態によって分類されたサービスモデルがあります。サービスモデルによって、クラウドサービスプロバイダーが管理する範囲、そして利用者が自由に構成できる範囲が決まります。たとえば、クラウドサービスプロバイダーが管理している物理サーバー上に自由に仮想マシンを作れるサービスモデル、またクラウドサービスプロバイダーが管理している仮想マシン上に自由にデータベースやアプリなどを作ることができるサービスモデルなどがあります（図1.15）。

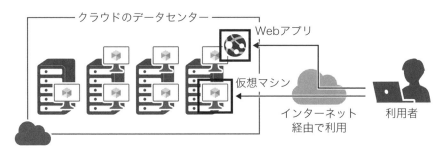

図1.15：クラウドサービスプロバイダーのサービスの利用

　クラウドコンピューティングには、主に次の３つのサービスモデルがあります。

・IaaS（Infrastructure as a Service）
・PaaS（Platform as a Service）
・SaaS（Software as a Service）

1.2.1　IaaS（Infrastructure as a Service）

　IaaSは「Infrastructure as a Service」を省略した名称で、「サービスとしてのインフラ」を意味します。「インフラ」とはサーバーやネットワーク、ストレージなどを指し、これらをサービスとして提供してくれるのがIaaSです。IaaSの代表的なサービスに「Azure Virtual Machines」がありますが、IaaSを利用することで、ハードウェアを購入することなく簡単に必要な構成の仮想マシンを作成することができます。図1.15の仮想マシンは、IaaSの例です。

ここが
ポイント

IaaSの代表的なサービスは、Azure Virtual Machinesです。

　クラウドコンピューティングには、「共有責任モデル」という概念があります。共有責任モデルは、クラウドサービスプロバイダーと利用者がどこまでを責任範囲とするのかを示しています。IaaSの場合は、ハードウェア部分（データセンターのネットワーク、ストレージ、物理サーバー、そして物理サーバー上で動いている仮想化まで）をクラウドサービスプロバイダーが責任を負います。たとえ

ば、物理サーバーのディスクに障害が発生した場合はクラウドサービスプロバイ
ダーが復旧し、物理サーバーのセキュリティ対策や更新プログラムの適用等もク
ラウドサービスプロバイダーが行います。そして利用者は、物理サーバー上にさ
まざまな構成の仮想マシンを作成できます。作成した仮想マシンの管理は、すべ
て利用者が行う必要があります（図1.16）。IaaSは仮想マシンのOSやスペックを
自由に選べるなど構成の自由度は高いものの、仮想マシンの作成から構成、メン
テナンスなどを利用者側が行う必要があるため管理コストが高いという側面があ
ります。

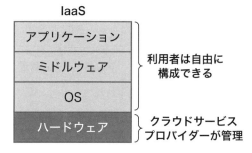

図1.16：IaaSの共有責任モデル

IaaSにおけるクラウドサービスプロバイダーの責任範囲は、ハードウェアです。物理サー
バーのディスクの交換、物理サーバーのOSの更新プログラムの適用、そしてセキュリティ
対策などはクラウドサービスプロバイダーが行います。

1.2.2 PaaS（Platform as a Service）

PaaSは「Platform as a Service」を省略した名称で、「サービスとしてのプ
ラットフォーム」を意味します。PaaSはアプリケーションを実行するためのプ
ラットフォームを提供してくれるため、アプリケーションの開発環境を一から作
成する必要はありません。IaaSの仮想マシンは自由度が高い反面、作成した仮想
マシンの管理を利用者が行う必要があるため、管理コストが高いという特徴があ
ります。しかしPaaSは、土台となる仮想マシン、そして必要なミドルウェアなど
はクラウドサービスプロバイダーが提供してくれるため、利用者はアプリの開発、
管理にだけ注力することができます。

HINT　ミドルウェアとは

ミドルウェアとは、OSとアプリケーションの間（ミドル）に入って補佐するソフトウェアです。ミドルウェアの例としては、Webサーバー、データベース管理サーバー、アプリケーションサーバーなどのサービスが該当します（図1.17）。

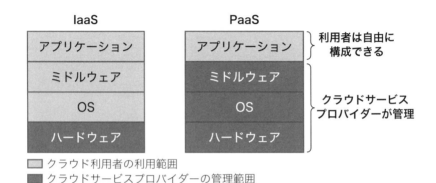

図1.17：PaaSの共有責任モデル

　アプリケーションの開発に、データベースが必要な場合を例に考えてみましょう。代表的なデータベース製品には、「SQL Server」があります。SQL Serverとはマイクロソフトが開発したデータベース管理システムです。データベースを作成するには土台となるSQL Serverが必要です。IaaSを利用する場合は、まず自分で作成した仮想マシンにSQL Serverをインストールし、必要な構成を行った後にデータベースを作成します。この構成は仮想マシンのOSやSQL Serverのバージョンを自由に選べるなど、構成の自動度は高くカスタマイズ可能ですが、仮想マシンやSQL Serverへの更新プログラムの適用や、バックアップ等の管理作業も利用者側が行う必要があります。

　一方、Azureには「Azure SQL Database」というPaaSのサービスがあり、SQL Serverを一から構築することなく、Azureの環境にSQLデータベースを作成することができます。これはAzure SQL Databaseサービスを利用することにより、マイクロソフトが管理しているSQL Server仮想マシンをそのまま利用することができるためです。このSQL Server仮想マシンの管理はマイクロソフトが行うため、利用者は土台のSQL Serverを意識することなくSQLデータベースを必要に応じて作成することができます（図1.18）。Azure SQL Databaseサービスでは、

自動データベースバックアップ機能など、さまざまな機能が提供されています。

　PaaSの代表的なサービスとして、「Azure App Service」「ストレージアカウント」「Azure SQL Database」「Azure Cosmos DB」などがあります。

　また、図1.15のWebアプリはPaaSの例です。Azure App ServiceでWebアプリを構築すると、土台のWebサーバーを用意することなく、Azureが管理している仮想マシン上にWebアプリを構築できます。

 参照　「Azure App Service」についての詳細は第4章「4.1.3　Azure App Service」を参照してください。また「ストレージアカウント」「Azure SQL Database」「Azure Cosmos DB」についての詳細は第6章「Azureのストレージサービス」を参照してください。

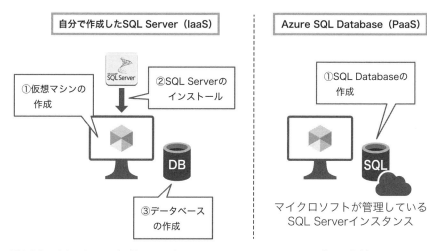

図1.18：SQL Server仮想マシンとAzure SQL Databaseサービスの比較

 ここが ポイント

PaaSのサービスモデルでは、アプリケーション開発環境の土台となる仮想マシン、ミドルウェアなどはクラウドサービスプロバイダーが提供してくれるため、利用者は仮想マシンなどの管理をすることなく、目的の機能を利用することができます。

ここが
ポイント

PaaSの主な代表例は、Azure App Service、ストレージアカウント、Azure SQL Database、Azure Cosmos DBです。

1.2.3 SaaS(Software as a Service)

SaaSは「Software as a Service」を省略した名称で、「サービスとしてのソフトウェア」を意味します。SaaSはアプリまで利用可能な状態で提供されるため、利用者はライセンスを契約するだけで、すぐにでもインターネット経由でアプリを使用できます。マイクロソフトのOffice 365、Intune、Dynamics 365は、SaaSの代表的な例です。

たとえば、メールの機能を使いたい場合はメールサーバーが必要ですが、Exchange Onlineが含まれるOffice 365のライセンスを契約すると、メールサーバーを構築することなくメールの機能を利用することができます。アプリ（Exchange Server / メールサーバー）の部分までマイクロソフトが管理しているので、利用者はアプリの構成を意識することなくサービスを利用できます（図1.19）。

図1.19：SaaSの共有責任モデル

練習問題

クラウドサービスモデルと一致する製品を下の選択肢から選択してください。

	サービスモデル	製品
①	Infrastructure as a Service（IaaS）	
②	Platform as a Service（PaaS）	
③	Software as a Service（SaaS）	

A. Azure Virtual Machines
B. Microsoft Dynamics 365
C. Azure App Service

次のサービスに一致するクラウドサービスモデルを下の選択肢から選択してください。

	サービス名	答え
①	Azure Virtual Machines	
②	Azure SQL Database	

	クラウドサービスモデル
①	Infrastructure as a Service（IaaS）
②	Platform as a Service（PaaS）
③	Software as a Service（SaaS）

問題 1-3

次の各ステートメントについて、正しければ「はい」を選択してください。誤っている場合は「いいえ」を選択してください。

1. PaaSのWeb Appsでは、利用者はアプリケーションをホストするインスタンスのOSに対するフルアクセス権限を持ちますか？
2. PaaSのWeb Appsでは、自動的にスケーラビリティを上げる機能を持ちますか？

問題 1-4

クラウドの利点と正しいステートメントを一致させてください。

	ステートメント	答え
①	変化する需要に対応するために、リソースを動的にプロビジョニングできる。	
②	アプリケーションを迅速に開発、テスト、リリースできる。	
③	アプリケーションとデータを複数のリージョンに配置できる。	

利点
A：スケーラビリティ
B：機敏性（Agility）
C：geo分散（geo-distribution）

問題 1-5

物理サーバーを展開できるのは、どのクラウドモデルですか？

A. ハイブリッドクラウドのみ
B. パブリッククラウド、プライベートクラウド、ハイブリッドクラウド
C. パブリッククラウドのみ
D. プライベートクラウドのみ
E. プライベートクラウド、ハイブリッドクラウド

問題 1-6

パブリッククラウドの特徴を2つ選択してください。

A. 安全でない接続
B. 従量課金制料金
C. オンデマンドセルフサービス
D. 専用ハードウェア
E. 限られた保管場所

問題 1-7

オンプレミスにあるすべてのサーバーをAzureに移行する予定です。データセンターに障害が発生しても、一部のサーバーを確実に使用できるようにするためのソリューションを推奨する必要があります。推奨事項には何を含める必要がありますか？

A. 弾力性
B. スケーラビリティ
C. 耐障害性
D. 低遅延

練習問題の解答と解説

問題 1-1 **正解** ①A、②C、③B
復習 1.2.1 「IaaS（Infrastructure as a Service）」、1.2.2 「PaaS（Platform as a Service）」、1.2.3 「SaaS（Software as a Service）」

Azure Virtual MachinesはIaaSになります。またAzure App ServiceはWebサーバーを構築することなくWebアプリの開発、ホストができるサービスなのでPaaSになります。そしてDynamics 365はERPとCRMを提供するマイクロソフトのクラウドサービスなのでSaaSです。

問題 1-2 **正解** 以下の通り
復習 1.2.1 「IaaS（Infrastructure as a Service）」、1.2.2 「PaaS（Platform as a Service）」

Azure Virtual Machines：Infrastructure as a Service（IaaS）
Azure SQL Database：Platform as a Service（Paas）

Azure Virtual MachinesはIaaSです。またAzure SQL Databaseは、SQL Serverを構築することなく、AzureにSQLデータベースを作成できるサービスです。したがってAzure SQL Databaseは、PaaSです。

問題 1-3 **正解** 1. いいえ、2. はい
復習 1.2.2 「PaaS（Platform as a Service）」

PaaSはアプリケーションを実行するためのプラットフォームを提供してくれるため、アプリケーションが動く土台の仮想マシンのOSは、すべてマイクロソフトによって管理されています。したがって答えは「いいえ」になります。
　一方、PaaSのApp Service（Web Apps）には自動スケールの機能があるため、答えは「はい」になります。

問題 1-4 **正解** ①A、②B、③C
復習 1.1.2 「クラウドを利用するメリット」

クラウドでは、仮想マシンなどの負荷の状況に合わせて自動的にリソースを増減させる機能が備わっています。スケーラビリティとは、需要の変化に対応するために、必要に応じてITリソースの増減を柔軟に行えるかどうかの度合いのことなので、①の答えはAの「スケーラビリティ」です。
　アプリケーションを迅速に開発、テスト、リリースするには、最初にそのための環境が必要です。クラウドのメリットである機敏性（Agility）とは、迅速に必要な環境を作ることです。クラウドの場合は管理ポータルからの操作で、数分のうちに必要な環境を作成することができます。したがって②の答えはBの「機敏性（Agility）」です。

クラウドには災害に備えて、アプリケーションやデータを複数のリージョンに同期する機能があります。これを「geo分散（geo-distribution）」と呼びます。したがって③の答えはCです。

問題 1-5 正解 E
復習 1.1.3 「クラウドモデルとは」

物理サーバーを展開できるのは、自社内で仮想化環境を作成する「プライベートクラウド」と、クラウドと自社内の環境を両方利用する「ハイブリッドクラウド」です。したがって正解はEです。

問題 1-6 正解 B、C
復習 1.1.3 「クラウドモデルとは」

パブリッククラウドの特徴は、サービスの利用状況に応じて請求される従量課金制料金と、人手を介さず、管理ポータルからの操作で自動的に仮想マシンや仮想ネットワークが作成できる「オンデマンドセルフサービス」です。したがって正解はBとCになります。

一方、パブリッククラウドには、コンピューティングリソース（ハードウェア）を他の組織と共有しない「専用パブリッククラウド」のサービスがあります。したがってDも正解になりそうですが、パブリッククラウドは他の組織とコンピューティングリソースを共有する「共有パブリッククラウド」が一般的なので、Dは不正解にしました。

問題 1-7 正解 C
復習 1.1.2 「クラウドを利用するメリット」

オンプレミスから移行したすべてのサーバーに対して、データセンターの障害にも対応できる構成にするには「耐障害性」が必要です。耐障害性にも、いくつかの種類がありますが、データセンターの障害にも対応できるのは「可用性ゾーン」です。

第 **2** 章

Azureのコアなアーキテクチャコンポーネント

Microsoft Azureを利用する上で理解する必要のある、基本的な
アーキテクチャについて解説します。

理解度チェック……………………………………………………

- ☐ リージョン
- ☐ リージョンペア
- ☐ Azure Government
- ☐ Azure China
- ☐ 可用性ゾーン
- ☐ サブスクリプション
- ☐ アカウント管理者
- ☐ サービス管理者
- ☐ EAスポンサープラン
- ☐ Azureプラン

- ☐ Azure in CSP
- ☐ Azure無料アカウント
- ☐ サブスクリプションのクォータ
- ☐ サービスレベルアグリーメント(SLA)
- ☐ サービスクレジット
- ☐ リソース
- ☐ リソースグループ
- ☐ 管理グループ
- ☐ リソース階層

アクセスキー **B**

(大文字のビー)

2.1　リージョン

マイクロソフトは世界各地にデータセンターを持ち、さまざまな国や地域で
Azureのサービスを提供しています。ここでは、世界各地でAzureのサービスが
どのように提供されているかについて解説します。

2.1.1　リージョンとは

「リージョン」とはAzureのデータセンターがある地域のことで、世界中に60
以上が存在しています（表2.1）。日本には「東日本」と「西日本」の2つのリー
ジョンがあり、東日本リージョンは東京と埼玉、そして西日本リージョンは大阪
にあります（図2.1）。

図2.1：日本のリージョン

地域	リージョン
アメリカ	米国西部、米国西部2、米国西部3、米国中西部、米国中南部、米国中部、米国中北部、米国東部、米国東部2　など
ヨーロッパ	英国西部、英国南部、フランス中部、ドイツ中西部、スイス北部　など
アジア	東日本、西日本、中国東部、中国東部2、中国北部、中国北部2、中国北部3、韓国中部、東アジア、東南アジア、インド中部、インド南部、インド南部中央　など
オーストラリア	オーストラリア中部、オーストラリア東部、オーストラリア南東部　など

表2.1：Azureの主なリージョン

Azureのリージョンは、クラウドの需要増大に伴って増え続けています。
リージョンについての詳細は、次のサイトを参照してください。

「Azureの地域」
https://azure.microsoft.com/ja-jp/explore/global-infrastructure/geographies

■ リージョン内のネットワーク

リージョンは1つ以上のデータセンターで構成されており、データセンター間は互いに低遅延のネットワークで接続されています（図2.2）。たとえば東日本リージョンは、東京都と埼玉県にまたがって構成されています。

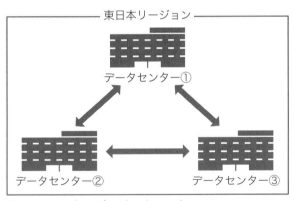

図2.2：リージョン内のネットワーク

リージョンは1つ以上のデータセンターで構成され、リージョン内のデータセンターは低遅延のネットワークで接続されています。

HINT 低遅延のネットワークとは

低遅延のネットワークとは、ネットワーク送受信時の遅延（タイムラグ）が小さく抑えられたネットワークのことです。遅延の影響が大きいと、Web会議システムや映像配信などで映像が固まってしまったり、Webサイトの読み込みが遅くなって利用者にストレスを与えてしまったりします。このような遅延の影響の少ないネットワークが、低遅延ネットワークです。

■ リージョンの指定

多くのサービスでは、どのリージョンでサービスを利用するのかを指定する必要があります。たとえば「仮想マシン」を作成するときは、どのリージョンに仮想マシンを作成するのかを指定します（図2.3）。

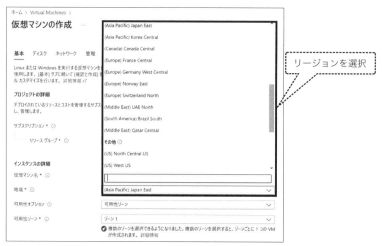

図2.3：仮想マシン作成時のリージョンの指定

■ リージョンを決定する上での考慮事項

Azureサービスのリージョンを決定する上で、次の点を考慮する必要があります。

・ネットワーク遅延の影響
・提供される機能
・コンプライアンス要件
・コスト差

● ネットワーク遅延の影響

　サービスの利用者とリージョンの物理的な距離が離れるほど、ネットワーク遅延の影響が大きくなります。ネットワーク遅延を極力減少させるには、利用者により近いリージョンを選択します。

● 提供される機能

　リージョンによって、提供される機能が異なります。たとえば、分析サービスであるAzure Analysis Servicesは、東日本リージョンで使用できますが、西日本リージョンでは使用する事ができません（本書執筆時点）。サービスを利用するには、そのサービスが使用できるリージョンを事前に確認する必要があります。

　また、仮想マシンのサイズ（スペック）を選択する際も注意が必要です。ハイスペックで高機能な仮想マシンを作成するには、最新のハードウェアが導入されているリージョンを選択する必要があります。

HINT

リージョン別に利用可能なサービスを確認するには、次のサイトを参照してください。

「リージョン別の利用可能な製品」
https://azure.microsoft.com/ja-jp/explore/global-infrastructure/products-by-region/

● コンプライアンス要件

　マイクロソフトはISO27001、ISO9001など100を超えるコンプライアンス認証を保持しています。特定のコンプライアンス要件を満たす必要がある場合、対象のリージョンが認証の対象として含まれているかどうかを確認する必要があります。たとえば、日本政府が管理するクラウドの認証プログラムであるISMAP認証に対応する必要がある場合、東日本リージョン、西日本リージョン、もしくは認証の対象となっている海外40のリージョンの中から選択する必要があります。

HINT ISMAP認証とは

ISMAPとはInformation system Security Management and Assessment Programの略称で、政府が活用するクラウドサービスのセキュリティを評価する制度のことです。ISAMAPについての詳細は、次のサイトを参照してください。

「ISAMAP－政府情報システムのためのセキュリティ評価制度」
https://www.ismap.go.jp/csm

●コスト差

同じサービスであっても、Azureの利用料金がリージョンによって異なる場合があります。ネットワークの遅延の影響やコンプライアンスの要件を容認できる場合は、価格の安いリージョンを選択することもリージョンを選択する際の要因の1つです。

参照 Azureのコストについての詳細は、第3章「3.5 Azureのコスト管理」を参照してください。

注意

Azureには、リソースを作成する時にリージョンを指定しないサービスがあります。これらは、グローバルサービスと呼ばれ、代表的なサービスにはAzure DNSゾーンやContent Delivery Networkなどがあります。

2.1.2 リージョンペアとは

リージョンには、リージョン規模での障害に備えて「リージョンペア」が定められています。ペアとなるリージョンは、同じ地域内の概ね300マイル（約480km）以上離れているリージョンが選択されており、日本の場合は「東日本リージョン」と「西日本リージョン」がペアになっています（表2.2）。

東日本リージョン	⇔	西日本リージョン
米国東部リージョン	⇔	米国西部リージョン
カナダ中部リージョン	⇔	カナダ東部リージョン
東南アジアリージョン	⇔	東アジアリージョン
英国西部リージョン	⇔	英国南部リージョン
インド南部リージョン	⇔	インド中部リージョン
オーストラリア南東部リージョン	⇔	オーストラリア東部リージョン

表2.2：主なリージョンペアの例

　ストレージアカウントには、リージョンペアにデータを同期する仕組みがあります。この仕組みを利用すると、ディザスターリカバリー目的で、東日本リージョンにあるストレージカウントのデータを、リージョンペアである西日本リージョンに同期させることができます（図2.4）。このような仕組みを利用すると、仮に東日本リージョンで災害が発生したとしても、西日本リージョンにフェールオーバー（切り替え）することで、もう片方のリージョンに同期されたデータにアクセスできます。

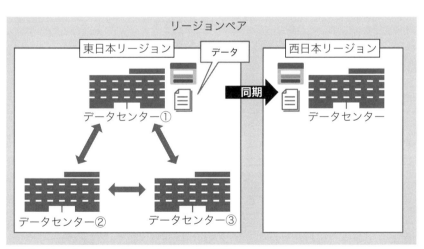

図2.4：リージョンペア間のストレージの同期

　また、メンテナンスもリージョンペアで同時に実施しないようにされていたり、地域全体にわたる障害が発生した際は、リージョンペアのうちの一方を優先して

復旧するようになっています。リージョンペアにデータを分散するようにシステムを構成しておくと、障害に強いシステムを構築することが可能です。

 ストレージの同期についての詳細は、第6章「6.1.3 ストレージアカウントの冗長化オプション」を参照してください。

2.1.3 特殊なリージョン

Azureには、特別な用途や法規制のために、特殊な運用がなされているリージョンがあります。

■ Azure Government

Azure Governmentは、米国政府のコンプライアンスとセキュリティ要件を満たすために作られた特別なリージョンです。非常に機密性の高いデータの管理要件を満たすように作られた、ミッションクリティカルなクラウドとして設計されています。

Azure Governmentは、他のリージョンと物理的に隔離されており、米国政府、州政府、地方自治体、およびそのパートナーのみが利用することができます。

ここが
ポイント

Azure Governmentは米国政府、州政府、地方自治体、およびそのパートナーのみが利用可能です。

■ Azure China

中国国内で運用されるリージョンは「Azure China」と呼ばれています。中国では、法規制により国外のクラウドサービスプロバイダーが自社のデータセンターを保有したり、運用したりすることが基本的に認められていません。

このため、Azureの中国国内サービスは、現地法人の21Vianet社とのライセンス契約によって運営が行われており、グローバルに運営されている他のリージョンとは物理的に隔離されています。Azure Chinaを利用する場合は、マイクロソフトではなく、21Vianet社との利用契約を結ぶ必要があります。中国国内には本書執筆時点で5つのリージョンがあり、それぞれが相互に接続されています。

また、Azure管理画面も他のリージョンのものとは異なっており、Azure

Chinaとそれ以外のリージョンでは、機能面で差がある場合があります。

ここが ポイント

Azure Chinaは、現地法人の21Vianet社とのライセンス契約によって運営されており、グローバルに運営されている他のリージョンとは物理的に隔離されています。

HINT ソブリンリージョン

規制の厳しい各地域の法規制などを準拠するために特別な運営がなされているリージョンのことを「ソブリンリージョン」と呼びます。ソブリンリージョンには、Azure Government、Azure Chinaのほかに、ドイツの法規制に準拠したAzure Germanyがあります。

2.1.4 可用性ゾーン

システムを構築する際は、一般的に複数のサーバーを稼働させることで可用性を高めることができます。しかし、それらのサーバーが同じデータセンターで稼働している場合は、そのデータセンターに障害が発生すると、すべてのサーバーがダウンすることになってしまいます。そこで、Azureには「可用性ゾーン」というデータセンターの障害に対応するための仕組みがあります。

■可用性ゾーンとは

一部の大規模なリージョンには、低遅延のネットワークで結ばれた3つのゾーンが構成されており、1つのゾーンには独立した電源、ネットワークなどを備えたデータセンターが1つ以上存在します。可用性ゾーンを使用すると、仮想マシンをそれらのゾーンに分散して配置できるため、データセンターに障害が発生したとしても、すべてのサーバーがダウンしてしまう事態を防ぐことができます（図2.5）。

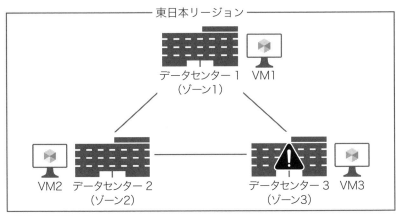

図2.5：可用性ゾーン

可用性ゾーンを使用すると、データセンターの障害に対応することができます。

　なお、可用性ゾーンはすべてのリージョンでは使用できません。可用性ゾーンは、データセンターが3つある比較的大きいリージョンで利用可能です。日本の場合は、「東日本リージョン」で可用性ゾーンを使用できますが、「西日本リージョン」では可用性ゾーンを利用することはできません（本書執筆時点）。

可用性ゾーンが利用できるのは一部のリージョンに限られます。

　また、可用性ゾーンそのものにデータを同期したり、トラフィックを振り分けたりする仕組みは備わっていません。たとえば、東日本リージョンの3つのゾーンにそれぞれ仮想マシンを展開したとしても、仮想マシンのデータを同期したり、トラフィックを振り分けたりする仕組みは、別途実装する必要があります。

可用性ゾーンそのものに、データを同期する仕組みはありません。

2.2 サブスクリプション

Microsoft Azureでは、Azure利用者との契約を「サブスクリプション」と呼ばれるもので管理しています。Azure利用者が最初に行うことは、Azureにサインアップ（契約）してサブスクリプションを取得することです。ここでは、サブスクリプションの概要について解説します。

Azureを使用するために最初に行うことは、サブスクリプションの取得です。

2.2.1 サブスクリプションとは

Azureを使用するには、最初にサブスクリプションを取得する必要があります。サブスクリプションには、「契約/請求管理」、「システム管理」の2つの側面があります。

■ サブスクリプションの契約/請求管理側面

Azureを利用するには、マイクロソフト（またはマイクロソフトのパートナー）と利用契約を結ぶ必要があります。契約を行うと、Azureサブスクリプションが利用可能になります。

Azureの請求は、サブスクリプション単位で行われます。1つのサブスクリプションに対して、部署ごとやプロジェクトごとというように、請求を分けることはできません。「別々のクレジットカードから支払いたい」「請求先を分けたい」というような、異なる請求オプションを使用したい場合は、サブスクリプションを別々に取得する必要があります。

ここが
ポイント

異なる請求オプションを使用するためには、サブスクリプションを別にする必要があります。

■ サブスクリプションのシステム管理側面

　サブスクリプションは契約/請求管理側面と同時に、システム管理側面もあります。サブスクリプションを取得する時に使用したアカウントを「Azureアカウント」と呼び、サブスクリプションに対してフルアクセス権限を持つ、最初のユーザーになります。このAzureアカウントを起点として、プロジェクトの関係者などに、サブスクリプションへのアクセスを許可していきます（図2.6）。

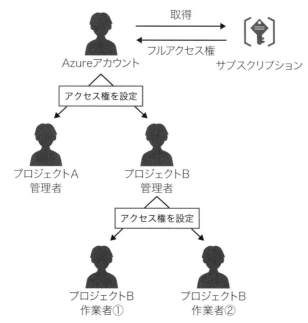

図2.6：Azureアカウントとサブスクリプション

参照　アクセス権（管理権限）についての詳細は、第7章「7.1.6 Azureのアクセス管理」を参照してください。

　なお、1つのユーザーアカウントで複数のサブスクリプションを取得することも可能です。プロジェクトごとにサブスクリプションを取得することもあれば、同じプロジェクトであっても「開発環境用」「ステージング環境用」「本番環境用」というように環境ごとにサブスクリプションを取得することもあります（図2.7）。

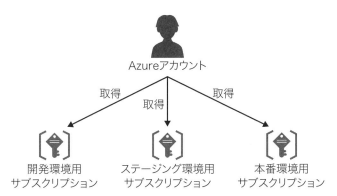

Azureアカウント

取得　　　取得　　　取得

開発環境用　　　ステージング環境用　　　本番環境用
サブスクリプション　サブスクリプション　　サブスクリプション

図2.7：1つのアカウントで複数のサブスクリプションを取得する

ここが
ポイント

1つのユーザーアカウントで、複数のサブスクリプションを取得することが可能です。

2.2.2　サブスクリプションの種類

　Azureのサブスクリプションは、利用形態や契約規模によってさまざまな種類があります。ここでは、その一部を紹介します。

■EAスポンサープラン

　EAスポンサープランのEAはEnterprise Agreementの略で、マイクロソフトからの招待によって契約可能となる大規模利用者向けのプランです。年間利用額を前払いする必要がありますが、変動するAzure利用価格に対して上限が設定されるなどのメリットがあります。

■Azureプラン

　個人でも契約可能な一般ユーザー向けのプランです。Webからサインアップで

き、支払いは登録したクレジットカードに毎月請求が行われます。請求される額は、サービスの利用料に応じて変化するため「従量課金制」と呼ばれています。なお、クレジットカード払いから請求書払いに切り替えることが可能ですが、マイクロソフトの与信審査が必要となるため、時間的に余裕を持って対応する必要があります。

■ Azure in CSP

Azure in CSPは、マイクロソフトの認定パートナーであるCSP（Cloud Solution Partner）を通じて提供されるサービスです。AzureをCSPパートナーと呼ばれる販売代理店経由で契約することで、請求、サポートなどの業務をCSPパートナーに委託することができ、サービス利用者はより効率的にAzureを利用することができます。

■ Azure無料アカウント

Azure無料アカウントは、Microsoft Azureを200ドル相当分、1か月間無料で試用できるサブスクリプションです。なお、一部のサービスは1か月経過後も無料で使用できます。

無料アカウントは、1つのアカウントにつき1回のみ取得可能です。また本人確認のためにクレジットカードの番号入力が必要ですが、従量課金制に移行しない限り、請求されることはありません。1か月経過後、もしくは200ドル相当のクレジットを使い切った後はサービスが使用停止となり、一定期間経過後に削除されます。

なお、無料アカウントの期限切れ、もしくはクレジットを使い切って使用停止状態になった場合は、従量課金制アカウントにアップグレードすることができます。アップグレードすることによって、無料アカウントの時に作成した仮想マシンなどを引き続き利用することができます。

ポイント

無料アカウントが期限切れ、またはクレジットを使い切った場合は、従量課金制にアップグレードすることができます。作成した仮想マシンなどを、引き続き利用することができます。

2.2.3 サブスクリプションの取得

ここでは、サブスクリプションの取得について説明します。

■ サブスクリプションの取得に利用できるユーザーアカウント

サブスクリプションを取得する際に使用できるアカウントは、次のとおりです。

● Microsoftアカウント

Microsoftアカウントは、マイクロソフトのOneDriveやOutlook.comなどのサービスを利用するときに必要となる個人向けのユーザーアカウントです。マイクロソフトのサイトで作成することができます。

HINT

Microsoftアカウントは、次のサイトで作成することができます。
https://account.microsoft.com/account

HINT

Outlook.cemはマイクロソフト社が提供するウェブメールサービスで、OneDriveは同社の提供するオンラインストレージサービスです。これらのサービスを使用するには、マイクロソフトアカウントが必要です。

● 職場または学校アカウント

職場または学校アカウントとは、マイクロソフトの認証サービスである「Azure Active Directory：Azure AD（Microsoft Entra ID）」上に作成されたユーザーのことです。「Azure ADアカウント（Microsoft Entraアカウント）」や「組織アカウント」と呼ばれることもあります。Microsoft 365などを利用している場合は、既にAzure ADの環境があるため、登録されているアカウントを使ってAzureのサブスクリプションを取得することができます。

2023年7月11日にマイクロソフトのクラウドベースのIDおよびアクセス管理サービスである「Azure Active Directory（Azure AD）」の名称が、「Microsoft Entra ID」に変更されることがアナウンスされました。名称は変更されますが、Azure ADの機能、価格、条件、およびSLAは変わっていません。名称変更に合わせて、Azure ADに関連するサービス、機能の名称も変更されています。試験では、引き続きAzure ADの名称で出題されることが予想されるため、本書ではAzure ADの名称のまま解説をします。
新名称はマイクロソフトの段階的な発表をもとに記載しているため、正しい情報はマイクロソフトのサイトをご確認ください。

サブスクリプションの取得は、Microsoftアカウントまたは職場または学校アカウント（Azure Active Directoryに登録されているアカウント）で可能です。

参照　Azure Active Directoryについての詳細は「第7章 Azure Active Directory（Microsoft Entra ID）とセキュリティ」を参照してください。

■ サブスクリプション取得の流れ

　ここでは、Web上で取得できるサブスクリプションの一例として、Azure無料サブスクリプションを取得する際の流れを説明します。まず、Azure無料アカウント取得用サイトにアクセスし、［無料で始める］というボタンをクリックします（図2.8）。

図2.8：Azure無料アカウント取得用サイト

> **HINT** **Azure無料アカウント取得用サイト**
>
> Azure無料アカウント（サブスクリプション）を取得するには、次のサイトにアクセスします。
> https://azure.microsoft.com/ja-jp/free/

　[無料で始める] ボタンをクリックすると、サインイン画面が表示されるため、無料アカウントを取得する際に使用するユーザーアカウントを入力します（図2.9）。ここで入力したアカウントがサブスクリプションのフルアクセス権限を持つ「Azureアカウント」になります。

図2.9：無料アカウントを取得するユーザーアカウントを入力

　サインインを行った後、利用者の名前や住所、連絡先などの情報を入力します（図2.10）。

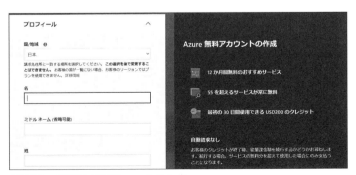

図2.10：利用者プロフィールの入力

　なお、プロフィールの入力中にクレジットカードの入力が求められますが、これは本人確認の一環で行われるものであり、従量課金制にアップグレードしない限りは請求されることはありません（図2.11）。

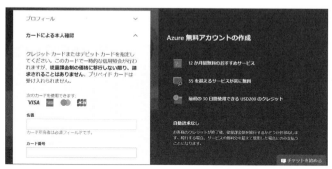

図2.11：クレジットカードによる本人確認

　プロフィール画面の入力が終わり、「Azure portal」と呼ばれる画面に遷移したらAzureの操作を開始することができます（図2.12）。

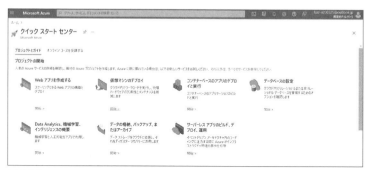

図2.12：Azure portal画面

■アカウント管理者とサービス管理者

　サブスクリプションを取得したユーザーアカウントは、既定でサブスクリプションの「アカウント管理者」と「サービス管理者」に設定されます。

　アカウント管理者は契約と課金に関する責任を持ち、サービス管理者は取得したサブスクリプションに対するフルアクセス権限を持ちます（図2.13）。

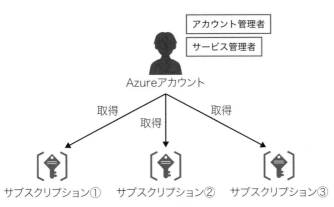

図2.13：Azureアカウントに割り当てられる権限

アカウント管理者とサービス管理者は、サブスクリプションにつき1ユーザーのみが設定されており、サブスクリプションの［プロパティ］画面で確認可能です（図2.14）。

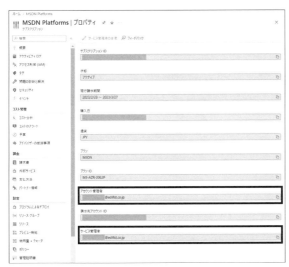

図2.14：サブスクリプションのアカウント管理者とサービス管理者

サブスクリプションを取得したユーザーは、既定でサブスクリプションの「アカウント管理者」かつ「サービス管理者」になります。

無料アカウントでは、上記のサブスクリプションのプロパティ画面は表示されません。

■ サブスクリプションのクォータ

　サブスクリプション取得後は、サブスクリプションに仮想マシンなどを作成できますが、サブスクリプションで作成できるリソース（Azureで利用できるサービスの管理上の実体）の数には上限が設けられています。これを、サブスクリプションの「クォータ」と呼びます。

　サブスクリプションに設定されているクォータ、および、サービスの使用量はサブスクリプションの［使用量＋クォータ］画面で確認可能です（図2.15）。

図2.15：サブスクリプションのクォータの確認画面

　サブスクリプションにクォータが設定されている理由は大きく2つあり、1つはサービス利用者のサービスの使い過ぎを未然に防ぐことです。たとえば、仮想マシンを生成するスクリプトを誤って無限ループさせてしまった場合は、大量の仮想マシンが作られてしまい、膨大な利用料金が発生してしまう可能性があります。

しかし、上限値が設定されていれば、必要のない大量の仮想マシンが作成されてしまうことを防ぐことができます。もう1つの理由はクラウドを提供する側の理由で、急に大量の仮想マシンを用意してほしいといわれても、環境の準備が追いつかないことが起こりえます。そこで、サブスクリプションで利用できる仮想マシン（CPUコア数）には〇つまで、パブリックIPアドレスは〇つまでというように、サブスクリプションには事前にさまざまな制限が設けられています。

　サブスクリプションのクォータ値は、利用者から引き上げのリクエストを行うことができます。リクエストがマイクロソフト側によって承認されると、クォータ値は引き上げられます。クォータの引き上げのリクエストは、サブスクリプションの［クォータと制限値］画面、または［ヘルプとサポート］画面から行うことができます（図2.16）。

図2.16：クォータ引き上げの要求

サブスクリプションで利用できるリソースの数には上限が決められています。しかし、この上限は、必要に応じてマイクロソフトにリクエストし、引き上げてもらうことが可能です。

2.2.4 サービスレベルアグリーメント（SLA）

Microsoft Azureでは、提供されるクラウドサービスのサービス水準を明確にするために、サービスレベルアグリーメント（SLA）が定められています。

■SLAとは

SLAとは、クラウドサービスプロバイダーと利用者の間で結ばれるサービスのレベルに関する合意事項のことです。

クラウドサービスプロバイダーは、顧客から料金を徴収してサービスを提供する以上、一定以上の品質でサービスを提供する責任があります。半面、メンテナンスや偶発的な障害により、システム停止やパフォーマンス低下などの可能性を完全に排除することはできません。そこで、「この水準までのサービス品質を保証します」とクラウドサービスプロバイダーと利用者の間であらかじめ合意し、正式な契約を取り交わすのがSLAです。

ここが
ポイント

SLAとは、クラウドサービスプロバイダーと顧客との間で合意される、サービス品質に関わる合意事項（契約）です。

HINT

マイクロソフトのオンラインサービスのSLAについては、次のサイトを参照してください。

「Service Level Agreements (SLA) for Online Services」
https://azure.microsoft.com/support/legal/sla/

■月間稼働率とは

SLAで定義されるサービス水準には、処理のエラー率やデータベーストランザクションの成功率などが設定されるケースがありますが、多くのケースでは「月間稼働率」がサービス水準として設定されています。稼働率とは、サービスが正常に動作していた時間の割合のことで、たとえば100時間中99時間サービスが正常に動作していた場合、稼働率は99%になります。月あたりの稼働率が月間稼働率であり、月間稼働率は以下の公式を使用して算出されます。

$$\frac{最大利用時間（分）－ダウンタイム（分）}{最大利用時間（分）} \times 100$$

最大利用時間とは、SLAの集計期間の全期間であり、ひと月が30日の場合30（日）×24（時間）×60（分）=43,200分となります。ダウンタイムは、サービスを利用できなかった時間です。

ここが
ポイント

月間稼働率は以下の公式で算出されます。

$$\frac{最大利用時間（分）－ダウンタイム（分）}{最大利用時間（分）} \times 100$$

■サービスクレジット

Azureで提供されるサービスが、マイクロソフト側の原因によってSLA水準を下回った場合、Azure利用者はAzure利用料金の返金を受けることができます。ただし、返金は現金で支払われるわけではなく、顧客に「サービスクレジット」という形で付与され、その金額が利用料金から割り引かれる形になります。

サービスクレジットの適用を受けるためには、Azure利用者側からの申し立てが必要になります。申し立ては、障害が発生した請求月を含めて2か月以内に行う必要があります。マイクロソフトは申し立てを受領し、SLAが達成されていないことを確認すると、サービスクレジットが顧客に適用されます。

保証されるSLA、および返金されるサービスクレジットはサービスごとに異なります。たとえば、可用性ゾーンが構成された仮想マシンのSLAは月間稼働率「99.99%」に設定されているため、SLAを下回った場合のサービスクレジットの付与率は次の表のようになります（表2.3）。

月間稼働率	サービスクレジット
99.99% 未満	10%
99% 未満	25%
95% 未満	100%

表2.3：可用性ゾーンが構成された仮想マシンのSLAおよびサービスクレジット付与率

SLA水準を下回った場合、Azure利用料金の返金を受けることができます。この割引のことをサービスクレジットといいます。ただし、サービスクレジットの適用を受けるには、利用者側からの申し立てが必要です。

SLA、および付与サービスクレジットはサービスごとに異なります。

仮想マシンの可用性ゾーンについての詳細は、第4章「4.1.1 Azure Virtual Machines（仮想マシン）」を参照してください。

■ SLAの対象となるサービス

AzureでSLAが設定されているサービスは、有償のサービス（オプション）に限定されています。無償で利用できるサービスには、SLAは設定されていません。

また、正式リリース前の「プレビュー」と呼ばれる期間中はSLAの対象外となっています。

無償のAzureサービス、および、プレビュー中のサービスはSLAの適用対象とはなりません。

2.3 リソースの管理

Microsoft AzureではAzure Virtual MachinesやAzure App Serviceなどのさまざまなサービスを利用することができます。Azureで利用されるサービスは、リソースやリソースグループという単位で管理されます。ここでは、リソースとリソースグループの概要と特徴について解説します。

2.3.1 リソースとリソースグループ

■ リソースとは

Azureで利用できるサービスの管理上の実体を「リソース」と呼びます。たとえば、Virtual Machinesサービスを利用したい場合、ユーザーは仮想マシンというリソースを作成することで利用可能となります。

1つのサービスを利用するために作られるリソースは、一種類とは限りません。たとえば仮想マシンを作成すると、仮想マシンというリソースのほかに、「ネットワークインターフェイスリソース」、「ディスクリソース」などが作成されます（図2.17）。

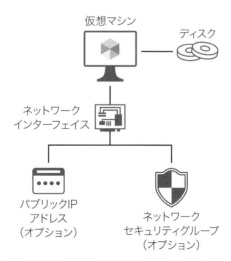

図2.17：1つの仮想マシンを作成したときに作成されるリソース

■ リソースグループとは

　Azureの利用を開始すると数多くのリソースが作られますが、それらのリソースを「リソースグループ」と呼ばれるもので管理しています。

　「リソースグループ」はリソースを含められる論理的なコンテナーです。リソースを格納する箱のようなイメージで、管理者は、管理要件に応じてリソースグループを作成することができます（図2.18）。適切にリソースグループの設計を行うことで、リソースを効率よく管理できるようになります。

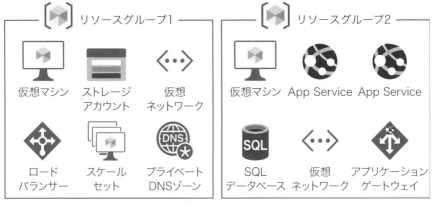

図2.18：リソースグループのイメージ

■ リソースグループの特徴

　リソースグループには、以下のような特徴があります。

● 同じリソースグループに異なるタイプのリソースを含めることができる

　1つのリソースグループに、「仮想マシン」「App Service」などの異なる種類のリソースを含めることができます。

● 同じリソースグループに異なるリージョンのリソースを含めることができる

　1つのリソースグループに、「東日本リージョンの仮想マシン」「東南アジアリージョンの仮想マシン」などのように、異なるリージョンのリソースを含めることができます（図2.19）。

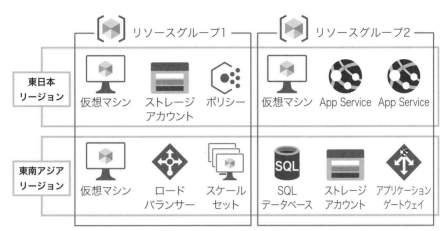

図2.19：1つのリソースグループに異なるリージョンのリソースを入れられる

● **リソースグループを削除すると中のリソースもすべて削除される**

　リソースグループを削除すると、中のリソースもすべて削除されます。たとえば、プロジェクトごとにリソースグループが作成されており、プロジェクトで使用していたリソースが格納されているとします。プロジェクトが終了したら、すべてのリソースを削除しますが、1つ1つ削除すると消し忘れなどが発生し、無駄なコストが発生する可能性があります。しかし、プロジェクト用のリソースがまとめられているリソースグループを削除すると、プロジェクトで使用していたすべてのリソースをまとめて削除できます。

● **異なるリソースグループのリソースも、通信が可能**

　リソースグループはあくまでAzureのリソースを管理するための論理コンテナーであり、リソースそのものの通信に影響を与えることはありません。ネットワークの設定が適切に行われていれば、異なるリソースグループのリソース間での通信は可能です（図2.20）。

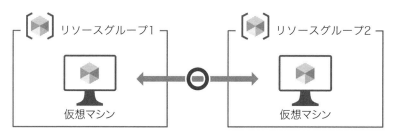
図2.20：異なるリソースグループ間の通信

同じリソースグループに、異なるタイプ、リージョンのリソースを含めることができます。

リソースグループを削除すると、中のリソースもすべて削除されます。

異なるリソースグループ間のリソースも、通信が可能です。

■ リソースグループの運用例

効果的なリソースグループの運用例として、次のようなものがあります。

● ライフサイクルが同じリソースをまとめる

前述のとおり、リソースグループを削除すると中のリソースはすべて削除されます。これにより、削除されるタイミングが同じリソースをまとめておくことで、誤ってリソースを削除してしまうリスクを減らすことができます。

● 管理要件に応じてリソースをまとめる

リソースグループごとに、リソースを管理できるユーザーを設定できます。たとえば、「リソースグループ1の各リソースはAさんに管理させる」、「リソースグループ2の各リソースはBさんに管理させる」というようなことができるため、管理要件ごとにリソースグループを分けることも有効です（図2.21）。

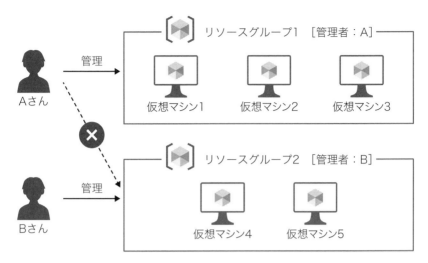

図2.21：リソースグループに管理者を設定する

■ リソースグループ運用時の注意点

リソースグループの注意事項として、次のようなことが挙げられます。

● リソースグループの中にリソースグループを作ることはできない

リソースグループに作成できるのはリソースだけです。リソースグループの中にリソースグループを作ることはできません。

● リソースグループにまたがってリソースを作ることはできない

リソースグループに複数のリソースを含めることができますが、リソースが所属できるリソースグループは1つだけです。複数のリソースグループにまたがって、リソースを作成することはできません（複数のリソースグループに、同時に属するというようなことはできません）。

● リソースグループ間でリソースを移動することは可能

リソースグループ内のリソースを、異なるリソースグループに移動させることは可能です。たとえば、あるプロジェクトで使用していた仮想マシンがあるとします。プロジェクト終了時に仮想マシンを他のプロジェクトが引き継ぎたい場合は、仮想マシンを別のプロジェクト用のリソースグループに移動することができます（図2.22）。

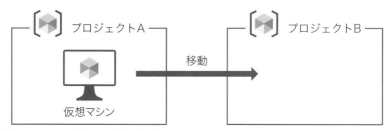

図2.22：リソースグループ間の移動

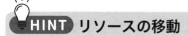

リソースの移動

リソースの移動は、「リソースグループ間」だけでなく、「サブスクリプション間」、そして「リージョン間」でも可能です。ただし、パブリックIPアドレスリソースなど一部のリソースは、リージョン間での移動がサポートされていないので注意してください。

リソースグループの中にリソースグループは作れません。

複数のリソースグループにまたがって、同時にリソースを作ることはできません。

リソースは他のリソースグループに移動ができます。

2.3.2 管理グループ

管理グループを利用すると、同じ管理要件のサブスクリプションを束ねることができます。複数のサブスクリプションを管理グループにまとめると、管理者権限の設定を複数のサブスクリプションにまとめて行うことができます。また、Azureポリシーを利用すると、Azure内のリソースがコンプライアンスのルールに準拠するように構成できますが、それを管理グループに割り当てることもできます。すると、管理グループ内のすべてのサブスクリプションに一括でポリシーの適用ができます。このように管理グループを使用すると、複数のサブスクリプションをまとめて管理できるため、複数のサブスクリプションに対して、共通の設定を行いたい場合に便利です（図2.23）。

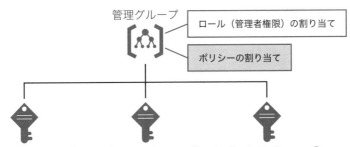

図2.23：管理グループ

 管理者権限の設定については第7章「7.1.6 Azureのアクセス管理」を参照してください。またAzure ポリシーについての詳細は、第8章「8.1.1 Azure Policy」を参照してください。

管理グループは「Tenant root group」という既定のグループを頂点とした、最大6階層の階層構造を構成することができます。たとえば「営業部」「マーケティング部」「人事部」というような管理グループを作成し、それぞれの部署で使用しているサブスクリプションをまとめているとします。マーケティング部用のルールが構成されているポリシーをマーケティング部管理グループに割り当てると、その管理グループに属するすべてのサブスクリプションにポリシーが適用されます（図2.24）。

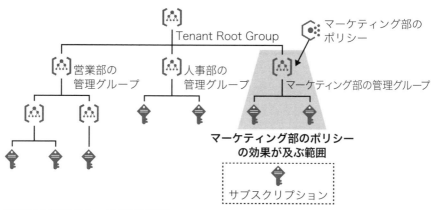

図2.24：管理グループの階層構造

このように、管理目的に応じた階層構造を作成することで、同じ管理者権限の設定やポリシーの割り当てを繰り返し設定する必要がなくなるため、大規模な組織のサブスクリプション管理が容易になります。

■ リソースの階層構造

Azureでは管理グループ⇒サブスクリプション⇒リソースグループ⇒リソースの順で、リソース階層を構成します（図2.25）。

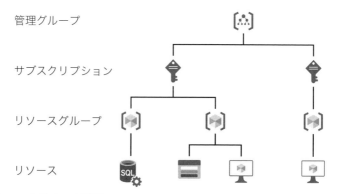

図2.25：Azureのリソース階層

階層構造を利用することにより、管理権限の設定やAzureポリシーの割り当てを効率よく行うことができます。上位の階層に設定すると、その設定が下の階層

に継承されるため、極力上位の層に設定することで同じ設定を繰り返し行うことを防ぐことができます。

練習問題

問題 2-1

次の文章の 【　　　】 にあてはまるものとして、正しい選択肢はどれですか。

Azureリージョンには 【　　　】 1つ以上のデータセンターを含んでいます。

A. 高遅延のネットワークで接続された
B. 低遅延のネットワークで接続された
C. マイクロソフトが支社を置く各国の
D. アメリカ国内の

問題 2-2

次の各ステートメントについて、正しければ「はい」を選択してください。誤っている場合は「いいえ」を選択してください。

1. Azure Chinaはマイクロソフトによって運営されている。
2. Azure Governmentはマイクロソフトによって運営されている。
3. Azure Governmentはすべてのユーザーが利用できる。

問題 2-3

次の文章の 【　　　】 にあてはまるものとして、正しい選択肢はどれですか。

ひとつのデータセンターに障害が発生した場合でも仮想マシンで実行されているサービスを利用するためには、仮想マシンを2つ以上の 【　　　】 にデプロイする。

A. 可用性ゾーン
B. 管理グループ
C. サブスクリプション
D. リソースグループ

問題 2-4

次の各ステートメントについて、正しければ「はい」を選択してください。誤っている場合は「いいえ」を選択してください。

1. Azureサブスクリプションを取得できるのはMicrosoftアカウントのみである。
2. サブスクリプションには複数のアカウント管理者を設定可能である。
3. リソースグループには複数のサブスクリプションが含まれている。

問題 2-5

次の各ステートメントについて、正しければ「はい」を選択してください。誤っている場合は「いいえ」を選択してください。

1. リソースグループの中にリソースグループを作成することができる。
2. Azureストレージは、複数のリソースグループに含めることができる。
3. リソースグループを削除すると、中のリソースはすべて削除される。

問題 2-6

次の文章の【　　】にあてはまるものとして、正しい選択肢はどれですか。

Azureの可用性ゾーンは、【　　】存在します。

A. 2つの大陸にまたがって複数のデータセンターが
B. 単一リージョン内に複数のデータセンターが
C. 複数のリージョン内に複数のデータセンターが
D. 単一のAzureデータセンターが

問題 2-7

あなたの組織では、会社のサーバーおよびネットワーク設備のすべてをAzure に移行したいと考えています。最初に作成する必要があるものは何ですか。

A. 管理グループ
B. リソースグループ
C. 仮想サーバー
D. サブスクリプション

問題 2-8

次の各ステートメントについて、正しければ「はい」を選択してください。誤っている場合は「いいえ」を選択してください。

1. 1つのMicrosoftアカウントを使用して管理できるサブスクリプションは1つ のみである。
2. 複数のサブスクリプションは、ひとつのサブスクリプションに統合すること が可能である。
3. 組織は、複数のサブスクリプションを取得することが可能である。

問題 2-9

次の各ステートメントについて、正しければ「はい」を選択してください。誤っている場合は「いいえ」を選択してください。

1. Azureリソースは、同じリソースグループ内の他のリソースのみにアクセス 可能である。
2. 同じリソースグループに、異なる種類のリソースを含めることができる。
3. 同じリソースグループに、異なるリージョンのリソースを含めることができ る。

問題 **2-10**

あなたの組織は、複数のサブスクリプションを保有しています。複数のサブスクリプションを階層構造にまとめ、ポリシー管理を効率的に行うために使用できるものは次のうちのどれですか。

A. リソースグループ
B. 管理グループ
C. リージョンペア
D. イニシアチブ

練習問題の解答と解説

問題 2-1 **正解** **B**　　　　　　　　　　　　復習 2.1.1 「リージョンとは」

　リージョンは、低遅延のネットワークで接続された1つ以上のデータセンターの集まりです。

問題 2-2 **正解** 1. いいえ　2. はい　3. いいえ　　復習 2.1.3 「特殊なリージョン」

1. Azure Chinaは中国国内のパートナー企業により運営されており、マイクロソフトの運営ではありません。
2. Azure Governmentはマイクロソフトの運営です。
3. Azure Governmentは米国連邦政府、州政府およびそのパートナーなどのみが利用できます。

問題 2-3 **正解** **A**　　　　　　　　　　　　復習 2.1.4 「可用性ゾーン」

　データセンター障害時に仮想マシンで実行されているサービスを利用できるようにするには、複数の可用性ゾーンに仮想マシンを配置します。

問題 2-4 **正解** 1. いいえ　2. いいえ　3. いいえ　復習 2.1.1 「リージョンとは」、2.1.2 「リージョンペアとは」

1. Azure Active Directory（Microsoft Entra ID）のユーザーもサブスクリプションを取得可能です。
2. サブスクリプションに設定できるアカウント管理者は1ユーザーのみです。
3. サブスクリプションにリソースグループが含まれます。その逆の関係はありません。

問題 2-5 **正解** 1. いいえ　2. いいえ　3. はい　　復習 2.3.2 「管理グループ」

1. リソースグループの中にリソースグループは作成することはできません。
2. 1つのリソースが含められるリソースグループは1つだけです。
3. リソースグループを削除すると、中のリソースはすべて削除されます。

問題 2-6 **正解** **B**　　　　　　　　　　　　復習 2.1.4 「可用性ゾーン」

　可用性ゾーンを用いると、単一のリージョン内の複数のデータセンター（ゾーン）に仮想マシンなどを配置することができます。リージョン内でデータセンターを分散することで、障害に強いシステムを構成することが可能です。

問題 2-7 正解 D　　　　　　　　　　　復習 2.2.1 「サブスクリプションとは」

　Azureを利用開始する際に最初に行うことはサブスクリプションの取得です。サブスクリプションには、契約/請求管理の側面と、システム管理側面の2つの側面があります。

問題 2-8 正解 1. いいえ　2. いいえ　3. はい　　復習 2.1.1 「リージョンとは」

　1. 1つのMicrosoftアカウントで複数のサブスクリプションを管理可能です。
　2. 複数のサブスクリプションを1つのサブスクリプションに統合することはできません。
　3. 組織は複数のサブスクリプションを取得することが可能です。

問題 2-9 正解 1. いいえ　2. はい　2. はい　　復習 2.3.1 「リソースとリソースグループ」

　1. 異なるリソースグループのリソース間の通信は可能です。
　2. 同じリソースグループに、異なる種類のリソースを含めることができます。
　3. 同じリソースグループに、異なるリージョンのリソースを含めることができます。

問題 2-10 正解 B　　　　　　　　　　　復習 2.3.2 「管理グループ」

　管理グループは複数のサブスクリプションを束ね、ポリシーや権限の管理を効率化できます。

第 **3** 章

Azureの管理

この章では、Azureのリソースやコストを管理するためのさまざまな仕組み、ツール、サービスについて解説します。

理解度チェック……………………………………………………………………

- ☐ Azure portal
- ☐ Azure PowerShell
- ☐ Azure CLI
- ☐ Azure Cloud Shell
- ☐ Azure Mobile Apps
- ☐ ARMテンプレート
- ☐ Azure Arc
- ☐ Azureコストの決定要因
- ☐ Azure仮想マシンコストの決定要因

- ☐ 予約
- ☐ Azureハイブリッド特典
- ☐ Azure Spot Virtual Machines
- ☐ 料金計算ツール
- ☐ 総保有コスト（TCO）計算ツール
- ☐ コストの分析
- ☐ コストの警告
- ☐ タグ

アクセスキー **V**

（大文字のブイ）

3.1 Azure Resource Manager

ここでは、Azureのリソースを管理するための役割であるAzure Resource Managerについて解説します。

3.1.1 Azure Resource Managerとは

Azure Resource Manager（ARM）は、Azureリソースへの操作に対する管理役割を担います。Azureに対して作成や削除などの操作を行うと、必ずAzure Resource Managerを経由して操作が行われます。

たとえば、Azureの仮想マシンリソースを作成する場合、ユーザーはAzure portalという管理ツールにアクセスし、仮想マシンの作成手順を進めます。そして、最後に「作成」ボタンをクリックすると、指定したとおりに仮想マシンの作成が行われます。このとき、ユーザーは意識していませんが、内部ではAzure Resource Managerに対して、仮想マシン作成の命令が実行され、リソースが作成されます（図3.1）。

このことから、Azure Resource Managerは、管理操作の受け取り役であるといえます。

図3.1：ARMを経由したリソースの作成

Azureの主な管理ツールとしてAzure portal、Azure PowerShell、Azure CLIなどがありますが（ツールの詳細は「3.2　Azureの管理ツール」で後述）、どのツールを使用した場合でも、管理操作の命令はAzure Resource Managerが受け取り、命令のとおりにリソースの作成、構成、削除を行います（図3.2）。

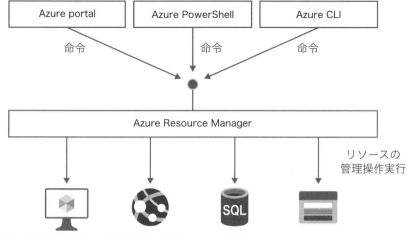

図3.2：さまざまなツールを使用したリソースの作成

3.2 Azureの管理ツール

ここでは、Azureの管理操作で使用する5つのツールについて解説します。

3.2.1 Azure portal

Azure portalは、Azureリソースを管理するWebベースのGUIツールです。ユーザーにとって直感的に操作しやすいグラフィカルな画面が用意されており、リソースの管理操作（作成、構成、削除）をポータル画面から手動で行います。Azure portalを使用するには、「https://portal.azure.com」のURLにアクセスします。アクセスするとサインインが求められるので、ユーザー名とパスワードを入力してサインインします（図3.3）。

図3.3：Azure portalのサインイン画面

サインインが完了すると、Azure portalのホーム画面が表示されます（図3.4）。

③　　　　　　　　　　　　　　　　　　　　　④

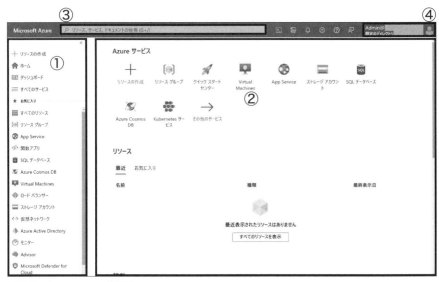

図3.4：Azure portal画面

Azure portalは次の表で説明している要素で構成されています。

番号	用語	説明
①	ポータル メニュー	主要なサービスにアクセスできる。 「＋リソースの作成」と書いてある部分をクリックすると、リソースを新規作成できる。 よく使うサービスをお気に入りとして構成すると、ポータルメニューに表示できる。
②	作業ウィンドウ	選択したサービスやメニューに関する詳細が表示される
③	グローバル検索	検索バーを使用して、リソースやサービスなどを検索できる
④	アカウント情報	現在サインインしているユーザー名が表示される

表3.1：Azure portalの構成要素

第3章

HINT GUIとCUI

GUIとは「グラフィカルユーザーインターフェイス」の略で、ユーザーがマウスや指などを使用して、視覚的に操作できる画面です。3.2.1で解説したAzure portalはGUIツールです。一方、CUIとは「キャラクターユーザーインターフェイス」の略で、キーボードなどを使用して文字列を命令で送る画面のことです。後述するAzure PowerShellやAzure CLIはCUIツールです。

■ Azure portalを使用した管理操作

　たとえば、作成した仮想マシンのリソースを操作したい場合、ポータルメニューで「Virtual Machines」をクリックします（図3.5）。

図3.5：ポータルメニューでVirtual Machinesをクリック

　すると、ユーザーが所有する仮想マシンの一覧画面が作業ウィンドウに表示されます（図3.6）。

図3.6：Azure portalでの仮想マシンの一覧表示

　一覧からVM1をクリックすると、VM1リソースの操作画面が表示されます。リソースには「リソースメニュー」が存在し、そのリソースに関するさまざまな設定ができます（図3.7）。たとえば、仮想マシンのネットワークの設定を変更する場合は［ネットワーク］メニューから、そしてディスクの設定を変更するには［ディスク］メニューから操作を行います。このように、Azure portalには直感的に操作しやすい画面が用意されています。

図3.7：Azure portalの仮想マシン管理画面

　Azure portalにアクセスできるデバイスの制限はなく、Windows、Linux、macOSでも使用できます。ただし、ブラウザーはMicrosoft Edge、Safari、Chrome、Firefoxの最新バージョンを使用するようにしてください。

　Azure portalを使用するには、「https://portal.azure.com」にアクセスします。

　Azure portalは、Windows、Linux、macOSでも使用できます。

3.2.2 Azure PowerShell

Azure PowerShellは、Azureリソースの管理をPowerShellのコマンドレット
で実行できるツールです。コマンドレットとは、PowerShellで実行できるコマン
ドのことです。

Azure PowerShellを使用するには、Windows PowerShellまたはPowerShell
ツールをインストールしたデバイスが必要です。Windowsには既定でWindows
PowerShellが入っていますが、LinuxとmacOSには入っていないため、自分で
PowerShellツールをインストールする必要があります。

しかし、PowerShellが入っているだけでは、コマンドレットによるAzureの管
理ができるわけではありません。PowerShellでAzureの管理を行うには、Azure
管理用のコマンドレットをPowerShellに追加する必要があります。コマンドレッ
トは用途ごとにモジュールという単位でまとめられていて、Azure管理用のコマ
ンドレットがまとめられているのが「Azモジュール」です。PowerShellに「Az
モジュール」をインストールすると、Azureを操作するためのコマンドレットを
実行できます。インストールは初回のみで、毎回インストールする必要はありま
せん。

HINT **Windows PowerShellがインストールされているOS**

Windows PowerShellは、Windows 7 SP1およびWindows Server 2008 R2 SP1以降
のWindows OSに、標準でインストールされています。

HINT **Azモジュールのインストール**

Azモジュールをインストールするには、PowerShell上で「Install-Module -Name Az」
コマンドレットを実行します。または、「https://github.com/Azure/azure-
powershell/releases」にアクセスし、Azure PowerShell MSIをダウンロードします。

HINT

Azure PowerShellのインストールについての詳細は、次のマイクロソフト公式ドキュメントを参照してください。

「How to install Azure PowerShell」
https://learn.microsoft.com/ja-jp/powershell/azure/install-az-ps?view=azps-9.2.0

■ Azure PowerShellを使用した管理操作

Azure PowerShellでAzureを管理するには、管理者アカウントでAzureにサインインします。サインインは、「Connect-AzAccount」というコマンドレットを実行します（図3.8）。「Connect-AzAccount」コマンドレットは、Azモジュールをインストールすると実行できます。

図3.8：Azure PowerShellを使用したConnect-AzAccountコマンドレットの実行

コマンドレットを実行すると、Azureのサインイン画面が表示されます（図3.9）。

図3.9：Azure PowerShellのサインイン画面

　ユーザー名とパスワードを入力してサインインが完了すると、Azureリソースを操作できるようになります。

　たとえば、「Get-AzVM」コマンドレットを実行すると、作成されている仮想マシンの一覧情報を取得できます（図3.10）。

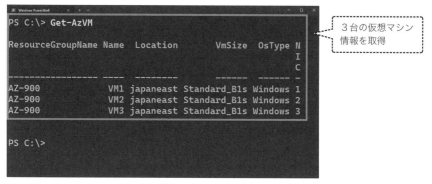

図3.10：Azure PowerShellを使用したGet-AzVMコマンドの実行

HINT Azure PowerShellコマンドレットの構文

PowerShellのコマンドレットは、［動詞］-［名詞］の形で記述します。ただしAzモジュールの場合は、名詞部分の先頭に「Az」という文字列が入ります。たとえば、Azureへの接続は「Connect-AzAccount」、Azure VMの取得は「Get-AzVM」と記述します。

Azure PowerShellは、WindowsのWindows PowerShellを使用するか、LinuxまたはmacOSにPowerShellツールをインストールすることで使用できます。

3.2.3 Azure CLI

　Azure CLIは、Azureを操作するためのコマンドラインツールです。Azure CLIを使用するには、Azure CLIツールをインストールしたデバイスが必要で、Windows、Linux、macOSにインストールできます。Azure PowerShellとの違いは、PowerShellではなくBashのコマンドを使用するという点です。Bashとは

「Bourne Again Shell（ボーン・アゲイン・シェル）」の略で、Linuxを操作するための命令文を受け取って実行する仲介役です。BashはLinuxに標準で備わっているため、Azure CLIはLinuxユーザーが好んで使用する傾向があります。

HINT

Azure CLIのインストールについての詳細は、次のマイクロソフト公式ドキュメントを参照してください。

「Azure CLIをインストールする方法」
https://learn.microsoft.com/ja-jp/cli/azure/install-azure-cli

■ Azure CLIを使用した管理操作

Azure CLIをインストールすると、コマンドプロンプト、Windows PowerShell、Bashなどを使用してAzureの管理操作を実行できます。Azure CLIでAzureの管理を行うには、Azure PowerShellと同じように、最初にAzureにサインインする必要があります。Azureにサインインしたい場合は「az login」というコマンドを実行します（図3.11）。

図3.11：Azure CLIを使用したaz loginコマンドの実行

「az login」コマンドを実行するとAzureのサインイン画面が表示されます（図3.12）。

図3.12：Azure CLIのサインイン画面

　ユーザー名とパスワードを入力してサインインが完了すると、Azureリソースを操作できるようになります。たとえば、「az vm list」コマンドを実行すると、仮想マシンの一覧情報を取得できます。図3.13では出力された情報が見やすいように「-o table」を追加して、テーブル形式で表示しています。

```
C:\>az vm list -o table
Name     ResourceGroup    Location      Zones
------   --------------   ----------    ------
VM1      AZ-900           japaneast     1
VM2      AZ-900           japaneast     2
VM3      AZ-900           japaneast     3

C:\>
```

3台の仮想マシン情報を取得

図3.13：Azure CLIを使用したaz vm listコマンドの実行

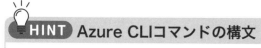

HINT　Azure CLIコマンドの構文

Azure CLIコマンドは「az」から始め、その後は基本的に［名詞］［動詞］の順番で記述します。たとえば、Azure VMの取得は「az vm list」と記述します。

Azure CLIは、Windows、Linux、macOSで使用でき、ユーザーが自分でインストールする必要があります。

Azure CLIのコマンドは「az」から始まります。

Azure CLIのコマンドは、Windows PowerShell、コマンドプロンプト、Bashを使用して実行できます。

3.2.4 Azure Cloud Shell

Cloud Shellは、Azure portal内やAzure Mobile Apps（3.2.5で後述）内でコマンドを実行できる環境です。Azure portalでCloud Shellを起動するには、画面上部の［Cloud Shell］アイコンをクリックします（図3.14①）。するとCloud Shellが起動し、画面下半分にシェルのウィンドウが表示されます（図3.14②）。Cloud Shellでは、PowerShellもしくはBashのどちらかを選択して、コマンドを実行する環境を指定できます（図3.14③）。Cloud Shellには標準でAzモジュールやAzure CLIなどがインストールされているため、事前のインストールなしでコマンドによる作業を行うことができます。

Cloud Shellは、Windows、Linux、macOSなどに入っているWebブラウザーからアクセスできます。

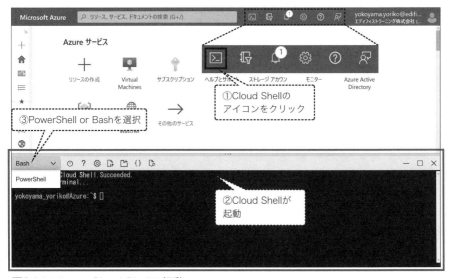

図3.14：Azure Cloud Shellの起動

HINT Azure Cloud Shell用のストレージアカウント

Azure Cloud Shellを使用するには、ストレージアカウントが必要です。Cloud Shellを初めて起動すると、「ストレージアカウントがマウントされていません」と表示されます。既存のストレージアカウントを使用することも、このタイミングで新しくストレージアカウントを作成することもできます。ストレージアカウントについては、第6章の「6.1 ストレージアカウント」を参照してください。

ここが
ポイント

Cloud Shellを起動する際は、Azure portalの画面上部にあるCloud Shellアイコンをクリックします。

ここが
ポイント

Cloud Shellは、Azure portalやAzure Mobile Appsから使用できます。Cloud Shellを使用すると、ローカルコンピューターにAzモジュールやAzure CLIなどをインストールすることなく、コマンドによる管理ができます。

ポイント

Cloud Shellは、Windows、Linux、macOSなどに入っているWebブラウザーからアクセスできます。

3.2.5 Azure Mobile Apps(モバイルアプリ)

Azure Mobile Appsは、モバイルデバイス向けのAzure管理用アプリです。iOSとAndroidで使用できるモバイルアプリがそれぞれのストアに公開されていて、誰でも無料でインストールして使用できます。Azure Mobile Appsをスマートフォンやタブレット等のモバイルデバイスに入れておけば、ユーザーが外出先でPCを持っていない場合でもAzureリソースを管理することができます。モバイルデバイスのWebブラウザーでAzure portalを表示することもできますが、画面自体のサイズが小さく操作しにくいという問題があります。しかし、Azure Mobile AppsはAzure portalと比較すると機能が限定されますが、小さい画面でも操作しやすいようなメニュー表示になっています(図3.15)。

Azure Mobile Appsを使用すると、次のような操作が行えます。

・Azure 仮想マシンやWebアプリなどの管理
・Azureのサービスやリソースの正常性や状態の監視
・アラートの表示

図3.15：Azure Mobile Appsの管理画面

　また、Azure Mobile Appsの画面右下には［Cloud Shell］のアイコンがあります。このアイコンをクリックするとCloud Shellを起動できるため、モバイルデバイスからもコマンドやスクリプトの実行ができます。

ここが
ポイント

iOSやAndroidのデバイスを使用してAzureリソースを管理するには、Azure Mobile Appsを使用するか、またはSafariなどのブラウザーを使用してAzure portalにアクセスします。また、Azure Mobile AppsでCloud Shellを起動すると、モバイルデバイスからコマンドやスクリプトを実行できます。

3.3 Azure Resource Manager(ARM)テンプレート

　ここでは、一貫性のあるAzureリソースを作成および構成するために使用する、ARMテンプレートについて解説します。

3.3.1 ARMテンプレート

　ARMテンプレートとは、リソースの作成や構成に使用できるテンプレートファイルです。ARMテンプレートを使用すると、テンプレートに定義したとおりのリソースが、常に「正確」に「一貫性」のある状態で作成、構成されます。

　その特性を利用したメリットは、次のとおりです。

- 開発環境や本番環境など、複数の環境で同じ構成のリソースを作成する必要がある場合、何度も手動で作成する必要がなく、テンプレートを読み込ませることでまとめて作成できる（図3.16）
- 同じような構成のリソースを作成する場合、作成するリソースごとに新しくテンプレートを用意する必要がなく、1つのテンプレートを汎用的に使用することができる
- リソースを手動で作成する場合、人による操作ミスが発生する場合があるが、テンプレートを使用することで操作ミスを防ぐことができる
- テンプレートにバージョンを付けて保存することで、後から特定の時点のリソースに戻すことができる

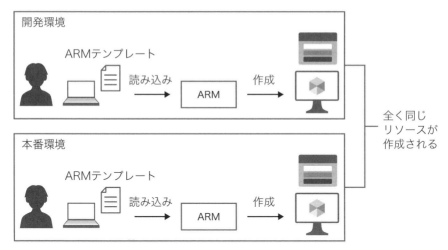

図3.16：ARMテンプレートを使用したAzureリソースの作成

■ARMテンプレートの記述

　ARMテンプレートはJSON形式で記述します。JSONは「JavaScript Object Notation」の略で、テキスト形式の構造化されたフォーマットです。記述したテンプレートは、Azure portalで実行することも、Azure PowerShellやAzure CLIを使用して実行することもできます。たとえば、次の要件でストレージアカウントを作成する場合は、以下のサンプルのように記述します。

  ・作成するリソースの種類：ストレージアカウント
  ・リソースの名前：az900storageaccount
  ・リージョン：東日本
  ・冗長化構成：LRS（第6章で後述）
  ・ストレージアカウントの種類：Standard 汎用v2（第6章で後述）

ARMテンプレートのサンプル

```
"resources": [
  {
    "type": "Microsoft.Storage/storageAccounts",
    "apiVersion": "2019-04-01",
    "name": "az900storageaccount",
    "location": "japaneast",
    "sku": {
      "name": "Standard_LRS"
    },
    "kind": "StorageV2",
    "properties": {}
  }
]
```

＼ １ ／ここが
ポイント

ARMテンプレートは、一貫性のあるインフラストラクチャリソースを作成するために、
JSON形式のコードを使用して定義します。

＼ １ ／ここが
ポイント

ARMテンプレートは、複数のAzureリソースの作成および構成を自動化することができま
す。

＼ １ ／ここが
ポイント

ARMテンプレートは、作成するリソースごとに新しく用意する必要はなく、1つのテンプ
レートを汎用的に使用することができます。

＼ １ ／ここが
ポイント

Azure portal、Azure PowerShell、Azure CLIを使用して、ARMテンプレートからリ
ソースを作成および構成できます。

3.4　Azure Arc

Azure Arcとは2019年に発表されたサービスで、Azureのリソース、オンプレミスの物理的なサーバーや仮想マシン、そしてAzure以外のクラウドサービス（例:Amazon Web Servicesなど）のリソースを、Azure portalで一元管理するためのサービスです。ここでは、Azure Arcの概要について解説します。

3.4.1　Azure Arcとは

Azure Arcは、ハイブリッドクラウドおよびマルチクラウド環境の管理をAzureに統合するサービスです。ハイブリッドクラウドは第1章で解説したように、パブリッククラウドとプライベートクラウドが共存するクラウドモデルで、それぞれのいいところ取りが可能です。一方、マルチクラウドとは、複数のクラウドサービスを組み合わせてサービスを利用する形態です。たとえば、Microsoft AzureとAmazon Web Servicesを組み合わせることで、両者のクラウドサービスのいいところ取りをしたり、クラウドサービス全体に及ぶ障害時にクラウドの利用を継続できたりします。

このように、ハイブリッドクラウドやマルチクラウドにはそれぞれ利点を持つ反面、環境が分散してしまう分、管理が煩雑になりやすいという側面があります。しかしAzure Arcを用いると、Azureの外にあるオンプレミスのサーバーや仮想マシン、そしてAWSなどのサービスを、あたかもAzureのリソースであるかのように扱うことができます（図3.17）。これにより、以下のようなことを実現します。

- 資産管理
  企業で利用しているIT資産の情報をAzureに集約して、一括して管理することができる。

- サーバー監視、保護、更新
  もともとAzure仮想マシンで用意されていた、仮想マシンの監視、保護、更新の仕組みを、Azure以外のIT資産で利用することができる。

●ログ管理

　対象のIT資産から、システムログなどのログ情報を収集し、Azureで分析、可視化などができる。

　このように、Azure Arcを用いれば各種管理をAzureに統合することができます。

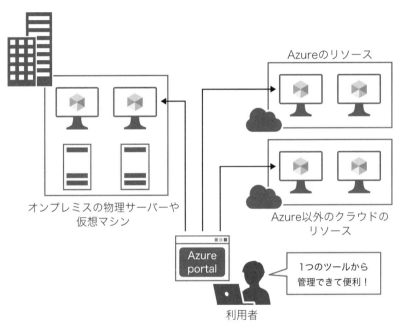

図3.17：Azure Arcによるさまざまなリソースの一元管理

ポイント

Azure Arcを使用すると、マルチクラウド、ハイブリッドクラウド環境の管理をAzureに統合できます。

3.5　Azureのコスト管理

　Microsoft Azureでは、サービスの利用状況に応じて細かく料金設定がなされています。Azureに限らず、クラウドシステムを上手に利用すればITコストの大幅な削減に役立つ可能性がありますが、設計や運用の方法を間違えると、想定外のコストが発生してしまう可能性があります。Microsoft Azureにおいて、「コスト」は重要な設計要素になっている上、運用中も「使用していない間は仮想マシンをシャットダウンする」など無駄なコストを発生させないような対応が求められる場合があります。

　ここでは、Azureのコスト管理について解説します。

> **注意**
> Azureのコストはさまざまな要因で決定されています。詳細なコストの情報は、料金計算ツール（「3.5.2 料金計算ツールと総保有コスト（TCO）計算ツール」を参照）でご確認いただくか、マイクロソフトの営業担当者にお問い合わせください。

3.5.1　Azureのコストに与える要因について

　Azureの料金はどのように決定するのでしょうか？　Azureの利用料金は「1か月使ったから料金は 9,800円です」といったような形で単純に決まるものではなく、「仮想マシンのD2aサイズを、東日本リージョンで12時間起動し、データ転送量は10GBなので料金は〇〇円です」といった形で、細かく利用状況に応じて決まります。

　Azureの利用料金を決定する主な要素は、次の3点です。

・リソースの種類、SKUおよび使用状況
・リージョン
・リソースの各種割引オプション

　他にもさまざまな要因でコストは決定されますが、ここでは上記の3つの要素

について説明します。

■ リソースの種類、SKUおよび使用状況

　Azureでは、使用したリソースの種類、およびSKUによって価格が異なっています。SKUとはリソースのラインナップのことで、高い性能の仮想マシンほど料金は高くなります。

　また、全く同じ要件で仮想マシンを作ったとしても、リソースの利用状況によって料金は異なってくるため、常に同じ料金になるとは限りません。

　たとえば仮想マシンの場合、使用料金は、主に以下の３つで構成されています。

　・仮想マシン使用料金
　・ストレージ料金
　・データ転送料金

　上記のうち「仮想マシン使用料金」は仮想マシンが起動している間のみかかります。ただし、仮想マシンをAzure portalなどから止めた場合、その間の課金は停止しますが、リモートデスクトップ接続やSSHなどで仮想マシンに接続し、OSをシャットダウンしただけでは、仮想マシンのコストは継続して発生するため注意が必要です。

　また「ストレージ料金」は、ストレージに対してデータを読み書きした操作の回数と、保存したデータの容量に応じてかかります。ストレージの料金は、仮想マシンを停止している間も継続して発生します。

　そして「データ転送料金」は、仮想マシンが送受信した通信データ量に基づいて課金されます。インターネット⇔Azureのリソース間の通信の場合、インターネットから受信したデータは無料ですが、Azureからインターネットに送信したデータは通信データ量に応じて課金の対象になります。またAzure内の通信の場合は、リージョン内のデータ通信は無料ですが、リージョン間のデータ通信は課金の対象となります（図3.18）。

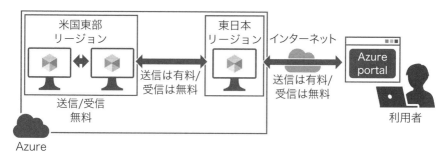

図3.18：データ転送料金

　このように、リソースの種類やSKU、利用状況に応じて課金される金額は変動します。

全く同じ条件で仮想マシンを作成したとしても、仮想マシンの利用状況によって料金は異なることがあります。

仮想マシンの料金を節約するには、仮想マシンを停止します。ただしその場合でも、ストレージの料金などは継続して発生します。

インターネット⇔仮想マシン間の通信は、仮想マシンが受信したデータ転送料は無料ですが、送信したデータ転送料は課金の対象になります。

Azure内の通信は、原則としてリージョン内通信は無料、リージョン間通信は課金の対象となります。

ここが ポイント

Azure仮想マシンは、Azure portalなどの管理ツールから停止した場合に、仮想マシンの課金が停止します。しかし、リモートデスクトップ接続やSSHなどで仮想マシンに接続し、OSをシャットダウンしただけでは仮想マシンのコストは継続して発生します。

注意

同一リージョン内の通信であっても、ピアリング（第5章「5.1.3 仮想ネットワーク間の接続」を参照）を使用した場合などは送信、受信ともにデータ量に応じた課金の対象となります。また、2023年7月より、可用性ゾーン間の通信が課金の対象となる予定です。

■ リージョン

　全く同じ種類のリソース、同じSKUだったとしても、リージョンが異なればリソースの利用料金は変わってきます。理由としてはリソースを作成するリージョンによってデータセンターの施設代、光熱費、人件費などが異なるからです。たとえば、Windows Server搭載のD2A v4という仮想マシンの月額利用料金は本書執筆時点で、米国東部リージョンを選択すると9,727円/月、東日本リージョンを選択すると12,564円/月となっています。

　仮想マシンは基本的にどのリージョンでも作成することができますが、利用する場所からあまり遠くのリージョンを選択してしまうと、往復分のトラフィック遅延の影響を受ける可能性があります。遅延などの影響を容認できるような開発環境などは、近いリージョンではなく安いリージョンを選択することもオプションの1つです。

ここが ポイント

同じ種類、SKUのリソースであっても、リージョンによって料金は異なる場合があります。

■ リソースの各種割引オプション

　Azureには、利用料金を最適化できるさまざまな割引オプションが存在します。
　ここでは「予約」「Azureハイブリッド特典」「Azure Spot Virtual Machines」の3つの割引オプションについて解説します。

● 予約

　予約とは、あらかじめ長期間、継続してリソースを使用することが決まっている場合に選択できる料金の割引オプションです。たとえば、1年間継続して使用することが決まっている仮想マシンを作成する場合は、あらかじめ「予約」を購入することで、最大で72%の割引を受けることができます。予約ができる期間は「1年」または「3年」です。

ポイント

Azure予約を使用して仮想マシンを作成すると、料金の割引を受けることができます。予約期間は1年または3年です。

注意

本書執筆時点で、マイクロソフトは予約に対する中途解約料を課していませんが、将来的に解約料が発生する可能性があります。

● Azureハイブリッド特典

　Azureハイブリッド特典とは、ソフトウェアアシュアランス契約（SA契約）付きのマイクロソフト製品を利用している場合に、Azureで受けられる割引です。SA契約とは、マイクロソフトのソフトウェア製品に付加できるサービスの1つで、一定の料金を支払うことで、SA契約期間中のソフトウェアアップグレードが行えるほか、導入計画サポート、トレーニングの受講などさまざまな特典を受けることができます。そのような特典のうちの1つがAzureハイブリッド特典で、WindowsやSQL Serverなどのソフトウェアライセンス相当分を、Azureに持ち込むことができます。もともとAzure仮想マシンなどのリソースにはソフトウェアライセンスの利用料が含まれているため、SA契約をしている組織のユーザーが仮想マシンを作成すると、ライセンス料の二重払いになってしまいます。仮想マシンを作成する時にAzureハイブリッド特典のオプションを有効にすると、その分の料金の割引を受けることができます（図3.19）。

図3.19：Azureハイブリッド特典によるAzure利用料の割引

第3章

ここが
ポイント

Azureハイブリッド特典は、ソフトウェアアシュアランスの付いたマイクロソフト製品の
ライセンスを使用している場合に利用できます。Azureハイブリッド特典を有効にして仮
想マシンを作成すると、仮想マシンの料金からソフトウェアの料金が除外されるため、大
幅に割り引かれた金額で仮想マシンを作成することができます。

● Azure Spot Virtual Machines

　Azureのデータセンターではサーバーなどのハードウェアを増強し、クラ
ウドの需要が高まった際のリソース不足に備えています。Azure Spot
Virtual Machinesを使用すると、平時には使われていないAzureの余剰リ
ソースを割引価格で利用することができます。ただしデータセンターのリ
ソースがひっ迫し、余剰リソースがなくなった場合は、作成した仮想マシン
が停止したり削除されたりします（ひっ迫した際の動作は、あらかじめ設定
可能）。

　このオプションは、リソースが停止してもデータ消失が起こらないように
特別に実装されたアプリケーションや、開発・テスト環境、短時間で終了す
るバッチ処理等の用途に適しています。

ここが
ポイント

Azure Spot Virtual Machinesを利用すると、未使用の余剰リソースを割引価格で利用す
ることができます。

3.5.2 **料金計算ツールと総保有コスト（TCO）計算ツール**

　これまで説明してきたように、Azureの価格はさまざまな要因により決定されているため、Azureにかかるコストを人の手だけで見積もるのは困難です。

　そこでマイクロソフトは、コストを見積もるためのツールとして、「料金計算ツール」と「総保有コスト（TCO）計算ツール」を公開しています。これらのツールはWebページで公開されており、誰でも利用することができます。ここでは、マイクロソフトが公開している2つのコスト見積ツールについて解説します。

> 料金計算ツール、TCO計算ツールは誰でも利用することができます。

■ 料金計算ツール

　料金計算ツールは、Azureで利用する予定のリソースと、そのオプションを指定することで月あたりの利用料金を見積もるツールです。

> **HINT**
>
> 料金計算ツールを使用するには、次のサイトにアクセスしてください。
>
> 「料金計算ツール」
> https://azure.microsoft.com/ja-jp/pricing/calculator/

　料金計算ツールの使用を開始するには、最初にAzureで利用するリソースを一覧から選択します（図3.20）。たとえば仮想マシンの料金を見積もりたい場合は、一覧から[Virtual Machines]をクリックします。すると見積にVirtual Machinesの項目が追加されます。

図3.20：料金計算ツール（リソースの選択）

次にリージョン、サイズ、OS、ディスクの構成、データ転送量、そしてサポート契約の有無など、料金に影響する項目を指定します。すると指定した項目の内容でコストが見積もられ、指定した通貨で料金が表示されます（図3.21）。

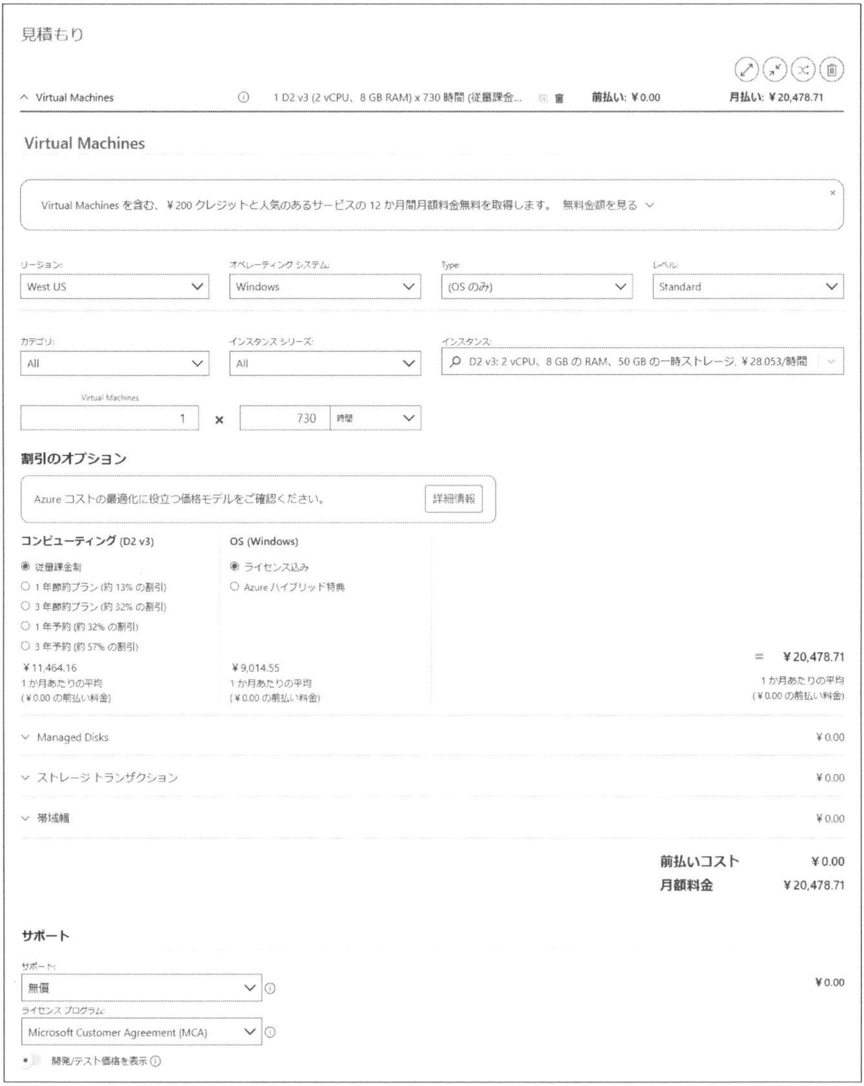

見積もり

∧ Virtual Machines　　　　　　　ⓘ　　1 D2 v3 (2 vCPU、8 GB RAM) x 730 時間 (従量課金...　🗗 🗑　前払い：¥ 0.00　　　　月払い：¥ 20,478.71

Virtual Machines

Virtual Machines を含む、¥ 200 クレジットと人気のあるサービスの 12 か月間月額料金無料を取得します。 無料金額を見る ∨　　　　　　×

リージョン:	オペレーティング システム:	Type:	レベル:
West US ∨	Windows ∨	(OS のみ) ∨	Standard ∨

カテゴリ:	インスタンス シリーズ:	インスタンス:	
All ∨	All ∨	🔍 D2 v3: 2 vCPU、8 GB の RAM、50 GB の一時ストレージ、¥ 28.053/時間 ∨	

Virtual Machines

| 1 | × | 730 | 時間 ∨ |

割引のオプション

Azure コストの最適化に役立つ価格モデルをご確認ください。　　　[詳細情報]

コンピューティング (D2 v3)　　　**OS (Windows)**

● 従量課金制　　　　　　　　　　● ライセンス込み
○ 1 年節約プラン (約 13% の割引)　　○ Azure ハイブリッド特典
○ 3 年節約プラン (約 32% の割引)
○ 1 年予約 (約 32% の割引)
○ 3 年予約 (約 57% の割引)

¥ 11,464.16　　　　　　　　¥ 9,014.55　　　　　　　　　　　　　=　　¥ 20,478.71
1 か月あたりの平均　　　　　　1 か月あたりの平均　　　　　　　　　　　　1 か月あたりの平均
(¥ 0.00 の前払い料金)　　　　(¥ 0.00 の前払い料金)　　　　　　　　　　　(¥ 0.00 の前払い料金)

∨ Managed Disks　　　　　　　　　　　　　　　　　　　　　　　　　¥ 0.00

∨ ストレージ トランザクション　　　　　　　　　　　　　　　　　　　¥ 0.00

∨ 帯域幅　　　　　　　　　　　　　　　　　　　　　　　　　　　　¥ 0.00

　　　　　　　　　　　　　　　　　　　　　　　　　前払いコスト　　¥ 0.00
　　　　　　　　　　　　　　　　　　　　　　　　　月額料金　　　¥ 20,478.71

サポート

サポート:
無償 ∨ ⓘ　　　　　　　　　　　　　　　　　　　　　　　　　　　¥ 0.00
ライセンス プログラム:
Microsoft Customer Agreement (MCA) ∨ ⓘ

● ◯　開発/テスト価格を表示 ⓘ

図3.21：料金計算ツール（リソース詳細パラメーターの指定）

　図3.21では仮想マシンのディスクやデータ転送量などを指定していませんが、より正確なコストを見積もりたい場合は、極力すべての項目を指定してください。見積もりの合計額はページ上でも確認できるほか、Excel形式でも出力できるため、見積もり用の資料として社内で稟議を通す際にも便利です。料金計算ツール

を使用すれば精度の高い見積もりが可能ですが、使用するリソースの種類やSKU などが決まっていないと正確なコストを算出することができない点に注意が必要 です。

リソースの種類やSKUなどを指定し、Azureの月額利用料を見積もるには料金計算ツール を使用します。

■ 総保有コスト（TCO）計算ツール

総保有コスト（TCO）計算ツールは、現状オンプレミスで発生しているコスト を入力し、Azureに移行した場合にどれぐらいのコストの削減が見込まれるかを 予測するツールです。料金計算ツールはリソースの積み上げでコストを算出する のに対し、総保有コスト（TCO）計算ツールはシナリオベースでコストを予測し ます。

総保有コスト（TCO）計算ツールを使用するには、次のサイトにアクセスしてください。

「総保有コスト（TCO）計算ツール」
https://azure.microsoft.com/ja-jp/pricing/tco/calculator/

総保有コスト（TCO）計算ツールでは、現状オンプレミス環境でかかっている サーバー本体の価格や、電力コスト、IT人材コストなどを入力します（図3.22）。

図3.22：総保有コスト（TCO）計算ツール 入力画面

諸条件を入力すると、環境をMicrosoft Azureに移行することで軽減されるコストの金額を、グラフ形式で表示します（図3.23）。

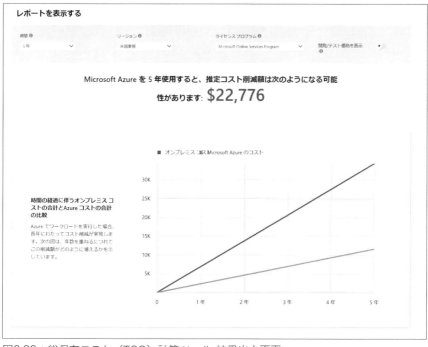

図3.23：総保有コスト（TCO）計算ツール 結果出力画面

　このように、総保有コスト（TCO）計算ツールは、リソースの料金に限らず、光熱費や人件費、データセンターの費用などの間接的なコストも含めて、Azure導入前後で比較検討できます。

ここが
ポイント

総保有コスト（TCO）計算ツールを使用すると、Azure導入前後でかかるトータルコストを比較検討できます。

3.5.3　コストの管理ツール

　料金計算ツールと総保有コスト（TCO）計算ツールはAzureのコストを見積もるためのツールですが、Azureの利用者が現在発生しているコストを確認するためにはコスト管理ツールを用います。

　コスト管理ツールには、現在発生しているAzure利用料金の内訳をグラフィカ
ルに表示する「コスト分析」や、Azureの利用料金が一定金額に達したときに
メールなどで管理者に通知する「予算アラート」などがあります。いずれも、
Azure portalの［サブスクリプション］画面からアクセスすることができます。

　ここでは、コストを管理するツールである「コスト分析」ツールと「予算ア
ラート」について解説します。

ポイント
....
　Azureで現在発生しているコストの確認は、Azure portalで行うことができます。
....

■ コストの分析

　コスト分析ツールは、Azureで現在発生しているコストを確認するツールです。
Azureで当月発生しているコストや、その内訳などの情報を面グラフや円グラフ
でグラフィカルに表示できます（図3.24）。

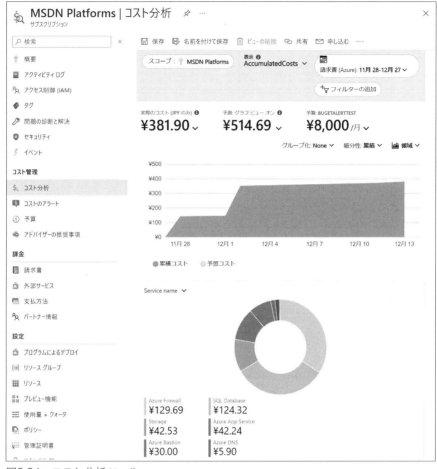

図3.24：コスト分析ツール

　コスト分析ツールの集計の対象は「スコープ」メニューで指定可能です。ス
コープメニューでは、コスト集計の範囲を「管理グループ」「サブスクリプショ
ン」「リソースグループ」の各階層に指定が可能で、必要に応じて集計範囲を管理
グループにまで広げたり、リソースグループにまで絞り込んだりすることができ
ます。また、表示された結果を保存し、レポートとして使用することもできます。

ここが
ポイント

> コスト分析ツールの集計範囲（スコープ）は、管理グループ、サブスクリプション、リソースグループから選択可能です。

予算アラート

　予算アラートツールで「予算」を設定すると、Azureの利用料金があらかじめ設定された予算額を超過した場合に、メールなどの手段で管理者に通知することができます。Azureに限らずクラウドシステムを利用する際は、リソースの使い過ぎや誤って作成されたリソース等が原因で、想定以上のコストが発生することがあります。コストのアラートツールで予算を構成しておくことで、予期しないコストの発生を早期に発見することができます。

　予算アラートを構成するには、最初にAzureの月額、四半期額もしくは年額の予算額を設定します（図3.25）。

図3.25：予算額の設定

　予算額の設定後、「実際の利用金額が予算額の80%を上回ったらメールで連絡する」「予測の利用金額が予算の60%を上回ったらSMSで連絡する」というような通知の設定を行います（図3.26）。このように予算アラートを構成しておくと、

利用金額が指定した金額を上回ってもメールなどで通知を受け取ることができるため安心です。

図3.26：通知の設定

\\'/ここが

🖐️ ポイント

予算アラートで予算を構成しておくことで、Azureの利用料金が一定額に達した際にメールなどで管理者に通知を送ることができます。

3.5.4 タグの利用

Azureで、リソースの管理に使える便利な機能として「タグ」があります。タグの利用は必須ではありませんが、タグを利用することによってリソースの整理や絞り込みなどに活用できます。

ここでは、タグの使用方法と活用場面について解説します。

■タグとは

タグは、Azureのリソースやリソースグループ等に情報を設定するためのサービスです。リソースに名札をつけておくようなイメージで、リソースにつき最大で50のタグを設定することができます（本書執筆時点）。図3.27は、仮想マシン

に3つのタグが割り当てられており、タグを見ることでサーバーの種類やプロジェクト名、そして担当者名がわかるようになっています。

図3.27：仮想マシンに割り当てられているタグ

タグは「名前」と「値」をセットで指定します。たとえば「ServerType：Web」「ProjectName：ABC Project」「ResponsiblePerson：Mr.A」といったように、任意の名前と値を設定できます（図3.28）。

図3.28：タグの設定

■ タグの活用場面
リソースにタグを割り当てることで、以下のような活用方法があります。

● Azure portalなどでのリソースの絞り込み

　　リソースにタグをつけておくことで、Azure portalなどでリソースの絞り込みに活用できます。たとえば仮想マシンの一覧画面で、タグを条件としてリソースの絞り込みができます（図3.29）。またWebサーバーの役割の仮想マシンだけを表示したり、特定の担当者が管理している仮想マシンだけを表示することができます。

図3.29：タグによるリソースの絞り込み

● Azure料金の絞り込み

　　タグのもう1つの活用方法は、Azure料金の絞り込みです。前述の「コスト分析」ツールではタグを条件として絞り込みができます（図3.30）。たとえば「プロジェクトごとにAzureの利用実績に応じて原価配分したい」といった時に、特定のプロジェクトのタグのリソースのみを表示するようにフィルターをかけることができます。すると特定のプロジェクトで使用したリソースの料金のみが表示されます。また請求書にもタグの情報が記載されるため、ダウンロードした請求書をエクセルで開き、タグの情報で並べ替えることにより、プロジェクトごとやサーバーの種類ごとなど、特定のグループごとに料金を計算することができます。

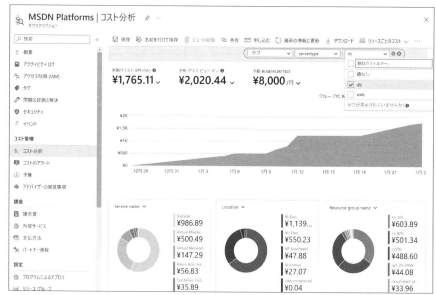

図3.30：コスト分析ツールのタグによる絞り込み

タグを活用すると、コスト分析ツールや請求書でAzure料金の絞り込みができます。

練習問題

問題 3-1
あなたは、AzureのWebアプリリソースを管理しています。Azureリソースを管理するには、どのURLにアクセスすればいいですか？

A. https://labs.azure.com
B. https://make.powerapps.com
C. https://portal.azure.com
D. https://admin.azureportal.com

問題 3-2
あなたはAzure PowerShellを使用してAzureリソースを管理しようと考えています。AzモジュールはmacOSにインストールできますか？

A. はい、できます
B. いいえ、できません

問題 3-3
あなたは、Azureリソースを作成するPowerShellスクリプトを実行する予定です。スクリプトを実行できるコンピューターはどれですか？　3つ選択してください。

A. Azure PowerShellモジュールがインストールされているWindows10のコンピューター
B. PowerShellとAzモジュールがインストールされているmacOSのコンピューター
C. Azure CLIツールがインストールされているLinuxのコンピューター
D. Azure Cloud Shellを使用するChrome OSのコンピューター

問題 3-4

あなたは、Androidのタブレットを使用して新しいAzure仮想マシンを作成しようと考えています。AndroidでAzureリソースを管理できる方法はどれですか？3つ選択してください。

A. Power Pagesを使用する
B. Azure Cloud ShellでPowerShellを使用する
C. Azure Cloud ShellでBashを使用する
D. Azure portalを使用する

問題 3-5

あなたはAzureリソースを管理するためにCloud Shellを使用する予定です。Cloud Shellを起動するには、Azure portalのどのアイコンをクリックすればいいですか？

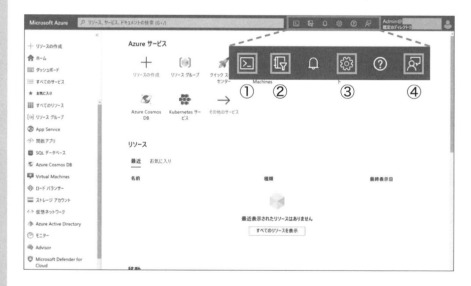

A. ①のアイコン
B. ②のアイコン
C. ③のアイコン
D. ④のアイコン

問題 3-6

あなたは、ARMテンプレートを使用してAzureリソースを作成しようとしています。ARMテンプレートはどの形式を使用して記述しますか？

A. XML形式
B. HTML形式
C. CSV形式
D. JSON形式

問題 3-7

あなたの会社には、Windows11が稼働する未使用のVM1という名前の仮想マシンがあります。仮想マシンの課金を停止するには、どのようにすればよいですか。2つ選択してください。

A. VM1にリモートデスクトップ接続し、スタートメニューからWindowsをシャットダウンする。
B. Azure仮想マシンの一覧でVM1を選択し、停止する。
C. Azure仮想マシンの一覧でVM1を選択し、再起動をする。
D. VM1を削除する。

問題 3-8

Azureの余剰となったコンピューティングキャパシティを割引価格で利用できるサービスは以下のうちどれですか。

A. 予約
B. Azureハイブリッド特典
C. Azure Spot Virtual Machines
D. コンテナーインスタンス

問題 3-9

Azure総保有コスト（TCO）計算ツールを使用できるのは誰ですか。

A. サブスクリプションの所有者
B. Azure Active Directoryのアカウントを持つすべてのユーザー
C. Microsoftアカウントを持つすべてのユーザー
D. 誰でも使用できる

問題 3-10

あなたの会社には10のプロジェクトが存在します。Azure portalからプロジェクトごとに請求レポートを作成することを計画しています。レポートを生成する前に、Azure Resource Managerのどの機能を使用する必要がありますか。

A. Azure Resource Managerテンプレート
B. タグ
C. グループ
D. ポリシー

練習問題の解答と解説

問題 3-1 **正解** C
復習 3.2.1 「Azure portal」

Azure portalにアクセスするには、「https://portal.azure.com」にアクセスします。

問題 3-2 **正解** A
復習 3.2.2 「Azure PowerShell」

Azure PowerShellを使用するためのAzモジュールは、Windows、Linux、macOSにインストールできます。

問題 3-3 **正解** A、B、D
復習 3.2.2 「Azure PowerShell」、3.2.4 「Azure Cloud Shell」

PowerShellスクリプトを実行してAzureリソースを作成するには「Azure PowerShell」を使用します。Azure PowerShellはPowerShellにAzモジュールをインストールすることでAzure管理用のコマンドレットを実行できます。Azure PowerShellはWindows、Linux、macOSで使用できます。また、Azure portalやAzure Mobile Appsで起動できるCloud Shellには既定でAzure PowerShellが入っているため、Cloud Shellで実行することもできます。Azure CLIがインストールされていてもAzure PowerShellは実行できないためCは不正解です。

問題 3-4 **正解** B、C、D
復習 3.2.1 「Azure portal」、3.2.4 「AzureCloud Shell」、3.2.5 「Azure Mobile Apps（モバイルアプリ）」

AndroidでAzureリソースを管理するには、WebブラウザーからAzure portalにアクセスするかAzure Mobile Appsを使用します。Azure portalおよびAzure Mobile AppsからCloud Shellを起動することができ、PowerShellまたはBashを選択できます。Power Pagesはマイクロソフトの別の製品のため、ここでは関係ありません。

問題 3-5 正解 A

✎ 復習 3.2.4 「Azure Cloud Shell」

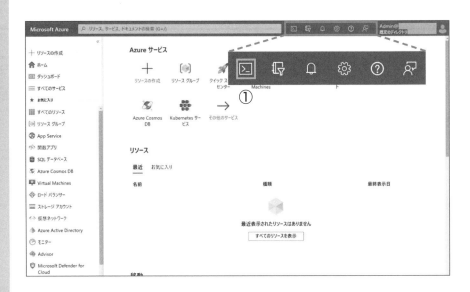

Azure portalでCloud Shellを起動するには、①のアイコンをクリックします。

問題 3-6 正解 D

✎ 復習 3.3.1 「ARMテンプレート」

ARMテンプレートはJSON形式で記述します。

問題 3-7 正解 B、D

✎ 復習 3.5.1 「Azureのコストに与える要因について」

　仮想マシンの料金は、仮想マシン使用料金、データ通信料金、ストレージ料金などから成ります。そのうち仮想マシン使用料金は、仮想マシンをAzure portalから停止することで、課金を止めることができます。また、リソースを削除した場合も課金は止まるため、正解はBとDになります。

　なお、仮想マシンのスタートメニューなどからOSをシャットダウンしただけでは、仮想マシンの課金は継続するので注意が必要です。

問題 3-8 正解 C

✎ 復習 3.5.1 「Azureのコストに与える要因について」

　Azure Spot Virtual Machinesを用いると、Azureの余剰リソースを通常価格より割安で利用することができます。余剰リソースが足りなくなった場合、仮想マシンは停止されたり削除されたりします。

問題 3-9 正解 D　　　　🖋 復習 3.5.2 「料金計算ツールと総保有コスト（TCO）計算ツール」

　マイクロソフトが公開している料金計算ツール、総保有コスト（TCO）計算ツールともに、誰でも利用することができます。

問題 3-10 正解 B　　　　🖋 復習 3.5.3 「コストの管理ツール」

　リソースにあらかじめタグを設定しておくと、Azure portalでリソースの絞り込みに使えるほか、コスト分析ツールや請求書でタグによるフィルタリングができます。プロジェクトで使用しているリソースのみを表示することにより、プロジェクトごとの請求レポートを作成することができます。

第 **4** 章

Azureのコンピューティングサービス

この章では、Azureのさまざまなコンピューティングサービスに
ついて解説します。

理解度チェック......

- ☐ Azure Virtual Machines
- ☐ 可用性セット
- ☐ 可用性ゾーン
- ☐ Azure Virtual Machine Scale Sets
- ☐ 垂直スケーリングと水平スケーリング
- ☐ 自動スケール

- ☐ コンテナーサービス
- ☐ Azure Functions
- ☐ Azure Virtual Desktop
- ☐ Azure Virtual DesktopのOS
- ☐ Azure Virtual Desktopの同時接続

アクセスキー **E**
（大文字のイー）

4.1 Azureの主なコンピューティングサービス

　Azureには、サーバー機能を提供するコンピューティングサービスが複数あります。ここでは、Azureの代表的なコンピューティングサービスであるAzure Virtual MachinesやAzure Virtual Machine Scale Sets、Azure App Service、コンテナーサービス、Azure Functions、Azure Virtual Desktopについて解説します。

4.1.1 Azure Virtual Machines（仮想マシン）

■ Azure Virtual Machinesとは

　Azure Virtual Machines（仮想マシン）は、IaaSのコンピューティングサービスです。仮想化という技術を使用して、マイクロソフトのデータセンターにある物理的なハードウェア上に仮想的なコンピューターを作成します。ユーザーは、物理ハードウェアのCPU、メモリ、ストレージなどをマイクロソフトから借りて、仮想マシンを構築します。物理的なハードウェアの管理（データセンターの管理、ハードウェアの管理、セキュリティの構成）はマイクロソフトが行うため、ユーザーは仮想マシンが動くハードウェアを意識することなく、仮想マシンを使用することができます（図4.1）。ユーザーは、仮想マシンを作成するためのOSやスペックの選択、使用する目的に合わせた仮想マシンの構成、仮想マシンに対するメンテナンスなどを行います。

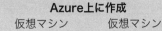

Azure上に作成

仮想マシン　　　仮想マシン

アプリ	アプリ
ミドルウェア	ミドルウェア
ゲストOS	ゲストOS

仮想マシンリソースとして
ユーザーが管理

| 仮想化ソフトウェア |
| ホストOS |
| 物理ハードウェア |

マイクロソフトが管理

図4.1：仮想マシンリソースの管理

HINT　ホストOSとゲストOS

ホストOSとは物理サーバーのOSのことで、ゲストOSとは仮想マシンのOSのことです。

ここが　ポイント

Azure Virtual MachinesはIaaSのコンピューティングサービスです。

■ 仮想マシンのサイズ

　仮想マシンのサイズとは、仮想マシンに割り当てるCPUやメモリなどスペックのことで、サイズによって仮想マシンの性能と料金が異なります。サイズは用途や予算に合わせて、仮想マシンを作成する際に選択します（図4.2）。

図4.2：仮想マシン作成時のサイズ選択画面

　提供されているさまざまな仮想マシンのサイズは、主に次の6つのタイプに分類されます（表4.1）。

分類	説明
汎用	バランスのとれたCPU対メモリ比の仮想マシン向け
コンピューティングの最適化	高いCPU性能に特化した仮想マシン向け
メモリの最適化	高いメモリ性能に特化した仮想マシン向け
ストレージの最適化	高いストレージ性能に特化した仮想マシン向け
GPU	負荷の高いグラフィックスのレンダリングやビデオ編集、機械学習など特化した仮想マシン向け
ハイパフォーマンスコンピューティング	最も高速かつ強力なCPUが必要な仮想マシン向け

表4.1 仮想マシンのサイズの分類

　各分類にはスペックが異なるさまざまなサイズが用意されているので、必要なCPUコア数やメモリの数、接続したいディスクの数などに合わせて選択します。

120

> **HINT 仮想マシンのサイズの詳細**
>
> サイズについての詳細は、次のマイクロソフト公式ドキュメントを参照してください。
>
> 「Azureの仮想マシンのサイズ」
> https://learn.microsoft.com/ja-jp/azure/virtual-machines/sizes

■ 仮想マシンの料金

仮想マシンの料金は、選択したサイズによって変動します。高い性能のサイズを選択すると、その分料金も高くなります。また、どのリージョンに仮想マシンを作成するかによっても料金が異なります。

 仮想マシンの課金についての詳細は、第3章 「3.5.1 Azureのコストに与える要因について」を参照してください。

■ 仮想マシンの関連リソース

仮想マシンは、次のリソースと組み合わせて作成されます（図4.3）。

- ・仮想ネットワーク
- ・ネットワークインターフェイス
- ・ディスク
- ・ネットワークセキュリティグループ（オプション）
- ・パブリックIPアドレス（オプション）

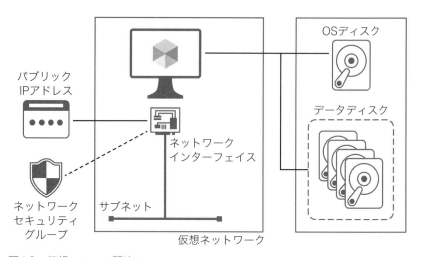

図4.3：仮想マシンの関連リソース

　仮想マシンを作成する時に、仮想マシンを配置する仮想ネットワークを選択します。すると仮想マシンには、自動的にネットワークインターフェイスが作成され、選択した仮想ネットワークに接続されます。これにより仮想マシンにはIPアドレスが割り当てられ、通信が可能になります。必要であれば、ネットワークインターフェイスにパブリックIPアドレスを関連付けることもできます。すると仮想マシンには、インターネットで一意なパブリックIPアドレス（グローバルIPアドレス）が割り当てられて、インターネットとの直接的な通信も可能になります。

　そしてネットワークセキュリティグループ（NSG）はアクセス制御のリストで、仮想マシンに対する通信を制御するために構成します。たとえば、仮想マシンにインターネット経由でリモートデスクトップで接続できるようにしたいという場合は、NSGにインターネットからリモートデスクトップ接続を許可するルールを構成します。

　また、ディスクは仮想マシンの記憶領域として機能します。仮想マシンを作成するとディスクが2つ作成されますが、必要に応じて「データディスク」という形でディスクを追加することができます。追加できるディスクの数は仮想マシンのサイズにより決まります。

　仮想マシンには、仮想ネットワーク、ネットワークインターフェイス、ディスクリソースが必要です。ネットワークセキュリティグループとパブリックIPアドレスリソースはオプションであるため、必要に応じて作成してください。ただし、

仮想ネットワーク内外の通信を制御することはセキュリティの観点から重要であるため、ネットワークセキュリティグループは必ず構成されることをお勧めします。

　仮想ネットワーク、ネットワークインターフェイス、ネットワークセキュリティグループ、パブリックIPアドレスについての詳細は第5章、ディスクについては第6章で解説します。

ここが
ポイント

> 仮想マシンには、仮想ネットワーク、ネットワークインターフェイス、ディスクのリソースが必要です。

■ 仮想マシンの障害対策

　仮想マシンは、Webアプリケーションを実行するためのWebサーバーやデータベースを稼働させるためのデータベースサーバーなど、システムを動かす際の重要な基盤として動作します。障害対策のために複数の仮想マシンを構成してWebアプリケーションやデータベースを稼働させていたとしても、すべての仮想マシンが何らかの原因で同時にダウンしてしまう可能性があります。そうならないためには第1章で解説した「可用性」について考慮し、それらの仮想マシンが同時にダウンしない仕組みを構成する必要があります。可用性を高める方法として、「可用性セット」と、第2章で解説した「可用性ゾーン」を使用することができます。

■ 可用性セット

　可用性セットは、同じリージョン内の仮想マシンをグループ分けし、仮想マシンが停止するリスクを分散させる仕組みです。可用性セットは、「障害ドメイン」と「更新ドメイン」という2つの論理グループで構成されています。

● 障害ドメイン

　障害ドメインは、ハードウェア障害に備えて仮想マシンを最大3つのグループ（ラックに相当）に分散する仕組みです。Azureのデータセンターにはたくさんのラックがあり、ラックには複数のサーバーが設置されています。ラックごとに電源やネットワークスイッチなどが設置され、ラック内のサーバーはそれらを共有

しています。そのため、それらのハードウェアに障害が発生すると、ラック内の
サーバーすべてに影響します（図4.4）。

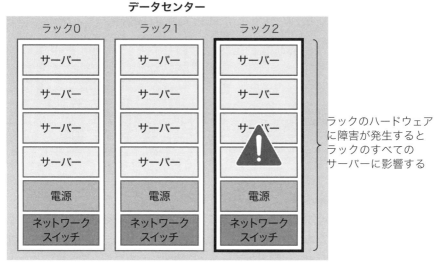

図4.4：ラックのハードウェア障害

　仮想マシンをラック単位の障害から守るために、可用性セットに複数の障害ド
メインを作成します。たとえば、障害ドメイン3つの可用性セットに6つの仮想マ
シンを配置すると、6つの仮想マシンは各障害ドメイン（ラック）に2台ずつ分散
して配置されます。その場合は、仮に1つのラックでハードウェア障害が発生し
たとしても、他のラックのサーバー上で稼働している仮想マシンは、稼働し続け
ることができます（図4.5）。

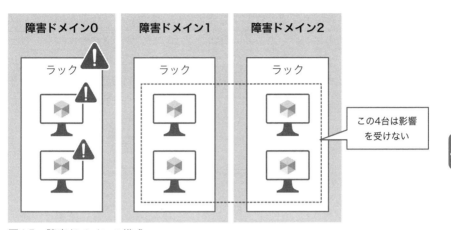

図4.5：障害ドメインの構成

●更新ドメイン

　更新ドメインはメンテナンスに備えて、仮想マシンを最大20のグループに分散する仕組みです。メンテナンスとは、マイクロソフトの物理サーバーに対する更新のことです。たとえば、メンテナンスを行った後でハードウェアの再起動が必要な場合、再起動中は仮想マシンが一時的に停止してしまいます。タイミングによっては、システムを構築しているすべての仮想マシンが同時に停止してしまい、システムに影響が出てしまう可能性があります（図4.6）。このような事態を防ぐため、システムに影響のある仮想マシンのメンテナンスを同時に行わない工夫が必要です。

メンテナンスによる仮想マシンの同時停止

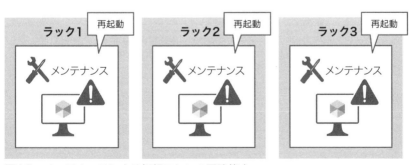

図4.6：メンテナンスによる仮想マシンの同時停止

　可用性セットに複数の仮想マシンを配置すると、仮想マシンは別々の更新ドメインに分散されます。メンテナンスは更新ドメインのグループごとに実行されるため、仮想マシンを複数の更新ドメインに分散することで仮想マシンの同時停止を防ぐことができます。たとえば、5つの更新ドメインで構成されている可用性セットに6台の仮想マシンを構成した場合、更新ドメイン0でメンテナンスが行われても、他の更新ドメイン（1〜4）に配置されている仮想マシンはメンテナンスの影響を受けません（図4.7）。

図4.7：更新ドメインの構成

> 可用性セットは、仮想マシンを複数の障害ドメイン、更新ドメインに分散して配置し、ハードウェア障害やメンテナンスによって仮想マシンが同時に停止しないように備える仕組みです。

注意

> 実際は、ハードウェアのメンテナンスにおける更新は仮想マシンにほとんど影響しません。もしメンテナンスによって仮想マシンが一時的に停止するような場合は、事前に電子メールによる通知を受け取ることができます。

> **HINT**
>
> Azureでの仮想マシンのメンテナンスに関する詳細は、次のマイクロソフトの公式ドキュメントを参照してください。
>
> 「Azureでの仮想マシンのメンテナンス」
> https://learn.microsoft.com/ja-jp/azure/virtual-machines/maintenance-and-updates

■ 可用性ゾーン

　前の項目で解説した可用性セットでは、リージョン内の同じデータセンターに仮想マシンが作成されてしまう可能性があります。可用性セットで仮想マシンを冗長化しても、浸水などによってデータセンター全体に障害が発生してしまった場合、すべての仮想マシンがダウンする事態になる可能性があります。そこでデータセンター障害の対策として、「可用性ゾーン」を構成できます。可用性ゾーンは、仮想マシンを1つのリージョンの異なるデータセンターに分散して配置できるオプションです。1つのデータセンターは1つのゾーンとよばれ、ゾーン単位で障害を分離できます。たとえば、ゾーン1のデータセンターで障害が発生した場合、ゾーン2とゾーン3に存在する仮想マシンは影響を受けることなく稼働し続けます（図4.8）。そのため、複数のゾーンに仮想マシンを分散して配置していると、仮に1つのデータセンターで障害が発生したとしても、仮想マシン上で稼働しているシステムが停止することなく運用を続けることができます。

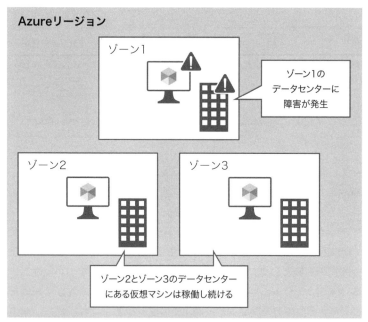

図4.8：仮想マシンの可用性ゾーン構成

ここが
ポイント

仮想マシンを可用性ゾーンに配置すると、データセンターレベルの障害があった場合でも
システムを運用し続けることができます。

4.1.2 Azure Virtual Machine Scale Sets

　Azure Virtual Machine Scale Sets（仮想マシンスケールセット）は、複数の
仮想マシンをグループ化して管理できるサービスです。仮想マシンを冗長化構成
する際、同じ構成の仮想マシンが複数必要になります。仮想マシンスケールセッ
トを使用すると、同じ構成の仮想マシンを複数台まとめて作成したり、それらの
仮想マシンの管理（サイズ変更やディスクの追加など）をまとめて行うことがで
きます。また、構成された仮想マシンにかかっている負荷を検知し、必要に応じ
て仮想マシンの台数を自動的に増やすこともできます（図4.9）。

仮想マシンスケールセット

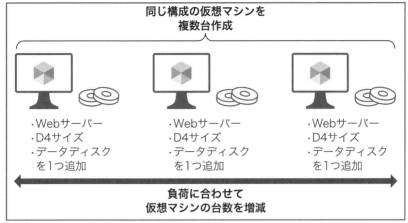

図4.9：仮想マシンスケールセット

　仮想マシンスケールセットを使用せずに同様の仕組みを構築しようとした場合は、同じ構成の仮想マシンを複数台作成し、すべての仮想マシンの中身を手動で構成する必要があります。しかし、仮想マシンスケールセットを使用すると、同じ構成の仮想マシンをセットで作成でき、アプリの設定など、追加の設定はスケールセットに対して行います。すると、その設定はスケールセット内のすべての仮想マシンに適用され、すべての仮想マシンを同じ構成にできます。

ここが
ポイント

仮想マシンスケールセット内の複数の仮想マシンは、同じ構成にすることができます。

ここが
ポイント

仮想マシンスケールセットのインスタンス数（仮想マシン数）は、仮想マシンにかかる負荷を検知して自動的に増やすことができます。

■垂直スケーリングと水平スケーリング

　コンピューティング能力を増やしたり減らしたりすることを「スケーリング」といいます。コンピューティングリソースには2種類のスケーリング方法があります。

● 垂直スケーリング

　仮想マシン単体の性能を増減させることを「垂直スケーリング」といいます。これはCPUやメモリの性能を調整して、コンピューターのスペックを増減させることを意味します。コンピューターの性能を上げることを「スケールアップ」、性能を下げることを「スケールダウン」といいます。仮想マシンやスケールセットのスペックを変更したい場合は、サイズを変更することでスケールアップ、スケールダウンできます。

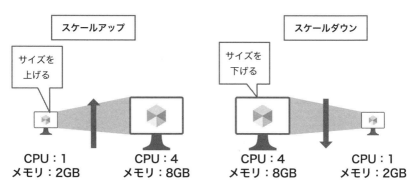

図4.10：仮想マシンの垂直スケーリング

● 水平スケーリング

　仮想マシンの台数を増やしたり、減らしたりすることを「水平スケーリング」といいます。仮想マシンスケールセットの仮想マシンの増減は、水平スケーリングに当たります。仮想マシンの台数を増やすことを「スケールアウト」、台数を減らすことを「スケールイン」といいます。また、仮想マシンスケールセットには「自動スケール」と呼ばれる機能があり、仮想マシンにかかる負荷を検知して、自動的に仮想マシンの台数を増減させることができます。

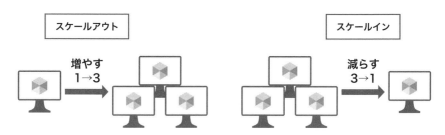

図4.11：仮想マシンの水平スケーリング

コンピューター能力を増やしたり減らしたりすることをスケーリングといいます。メモリ
やCPUの性能を調整してコンピューターのスペックを増減することを「垂直スケーリン
グ」、仮想マシンの台数を増減することを「水平スケーリング」といいます。

4.1.3 Azure App Service

■ Azure App Serviceとは

Azure App ServiceはPaaSのコンピューティングサービスで、ユーザーが作成
したWebアプリケーションを配置して運用するためのサービスです。Azureに限
らず、Webアプリケーションを動かすためには「Webサーバー」が必要です。た
とえば一般的なニュースサイトでは、ニュースサイトのアプリケーションファイ
ルがWebサーバーに配置されており、私たちのPCからニュースサイトを見る場
合は、次のような流れでニュース情報を確認できます（図4.12）。

①PCでMicrosoft EdgeなどのWebブラウザーを使用して、ニュースサイトの
　URLにアクセスする
②Webブラウザーは、Webサーバーに「ニュースの一覧や特定のニュースを見
　るためのファイル」を要求する
③Webサーバーは要求されたファイルを見つける
④Webサーバーは要求されたファイルをWebブラウザーに返す
⑤Webブラウザーはファイルを受け取り画面に表示する

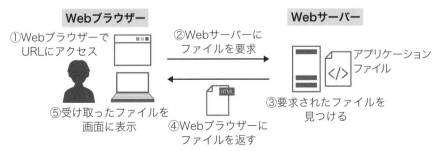

図4.12：アプリケーションへの接続の流れ

Webアプリケーションは、Webサーバーの仮想マシンでもApp Serviceでも運

131

用できますが、PaaSであるApp Serviceの方が仮想マシンよりも管理負荷が軽減
されます。App Serviceは、マイクロソフト側で仮想マシンを作成してその中に
Webサーバーを構成し、Webアプリケーションを実行するためのランタイム群も
インストールした状態でリソースが用意されます。そのため、仮想マシンやWeb
サーバー、ランライムなどに対するメンテナンスやセキュリティ修正プログラム
の適用は、マイクロソフト側で行ってくれます。App Serviceを使用することで、
ユーザーはインフラストラクチャ部分の管理をマイクロソフトにお任せし、C#や
Javaなどの好みの言語を使用してWebアプリケーションを作成することに注力で
きます（図4.13）。ユーザーはアプリケーションをApp Serviceに配置するところ
から管理をスタートすることができます。

図4.13：App ServiceへのWebアプリケーションの配置

　したがって、WebアプリケーションをAzureで運用し、管理作業を最小限に抑
えたい場合には、App Serviceを選択します。

■ Azure App Serviceの料金

　App Serviceを使用するには、「App Serviceプラン」リソースが必要です。
App Serviceプランは、Webアプリを実行するための土台となる仮想マシンの構
成です。どのレベルのApp Serviceプランを使用するかによって料金や使用でき
る機能が異なります。App Serviceプランで設定できる内容は、次の通りです。

　・OSの種類（Windows、Linux）
　・リージョン
　・仮想マシンの数

・仮想マシンのサイズ（小、中、大）
・価格レベル（Free、Shared、Basic、Standard、Premium、Isolated）

「価格レベル」では、App Serviceで使用できる機能や仮想マシンのスペックが定義されています。「Free」から始まり、「Isolated」に向けてレベルが上がるにつれて高機能になります。たとえば、Freeは無料でApp Serviceを使用できる価格レベルですが、一般的に運用環境で必要とする機能が備わっていません。App Serviceを仮想ネットワークと接続させるにはBasic以上の価格レベルが必要で、可用性ゾーンの仕組みを使用するにはPremium以上の価格レベルが必要です。料金は選択した価格レベルによって異なり、1時間ごとの料金が秒単位で時間割計算されます。仮想マシンと異なり、「割り当て解除」状態にすれば課金が止まるという仕組みはありません。

HINT

App Service プランの価格レベルについての詳細は、次のサイトを参照してください。

「App Serviceの価格」
https://azure.microsoft.com/ja-jp/pricing/details/app-service/windows/

ここが
ポイント

WebアプリケーションをAzureで運用する場合、管理作業を最小限に抑えるにはPaaSのApp Serviceを選択します。

■Azure App Serviceの自動スケール

仮想マシンスケールセットには、負荷に合わせて自動的に仮想マシンの台数を増減させる「自動スケール」という機能が備わっていると解説しましたが、App Serviceにも同様の機能があります。この機能を使用することで、Webアプリケーションにかかっている負荷を検知し、負荷が高い場合には自動的に仮想マシンの台数を増やして負荷を分散させ、負荷が低い場合には仮想マシンの台数を減らして対応することができます（図4.14）。それによりコストを最適化できます。この自動スケール機能は、Standard以上の価格レベルで利用可能です。

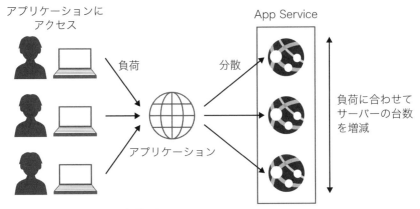

図4.14：App Serviceの自動スケール

4.1.4　コンテナーサービス

　コンテナーとは仮想化技術の一種で、実行したいアプリケーションとその実行環境を「コンテナー」という単位でまとめます。コンテナーというと、貨物船に積まれた箱をイメージする人が多いのではないでしょうか。実は、コンテナーサービスのコンテナーは貨物船のコンテナーからきていると言われています。たとえば、貨物船はコンテナーを積んでさまざまな港で降ろします（図4.15）。

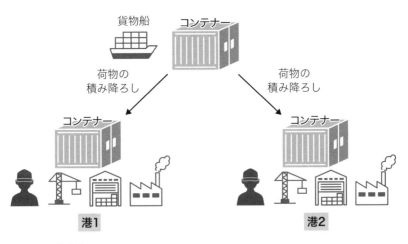

図4.15：貨物船のコンテナー

　コンテナーサービスの「コンテナー」は、貨物船のコンテナーと似ている部分があり、アプリケーションと実行環境をコンテナーとしてまとめて、さまざまなハードウェアに移動して稼働させることができます。コンテナーはコンテナーイメージをもとに作成しますが、そのイメージを貨物船の役割の「レジストリ（格納庫）」に格納しておきます。コンテナーの作成が必要になったら、コンテナーイメージをさまざまな場所（ハードウェア上）にダウンロードし、いつでも簡単にコンテナーを作成・稼働させることができます（図4.16）。

第
4
章

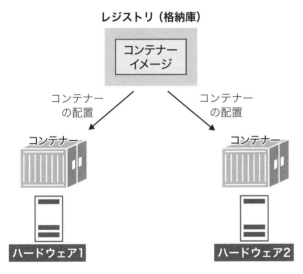

図4.16：ハードウェアへのコンテナー配置

　このように、作成後さまざまなハードウェア上で実行できるソフトウェアの特性のことを「移植性」といいます。

ここが
ポイント

移植性が高いコンピューティング環境を使用する場合は、コンテナーサービスを選択します。

135

HINT　コンテナーの実行環境

コンテナーを実行したいハードウェアには、コンテナーエンジンをインストールする必要
があります。コンテナーエンジンについては後述します。

HINT　レジストリとは

コンテナーイメージのレジストリ（格納場所）として、Docker HubやAzure Container
Registry（ACR）などがあります。

　これまで解説してきた仮想化技術の１つに仮想マシンがありました。仮想マシ
ンは、仮想化ソフトウェアによって物理サーバーに仮想化環境を作成し、その仮
想化環境内にOSをインストールします。それに対しコンテナーは、物理サーバー
に「コンテナーエンジン」をインストールし、ホストOSのカーネルと呼ばれる部
分を共有して、仮想化の環境を作成します（図4.17）。コンテナーは仮想化環境
（コンテナー部分）にOSをインストールしないため、仮想マシンよりも軽量かつ
高速に動作します。

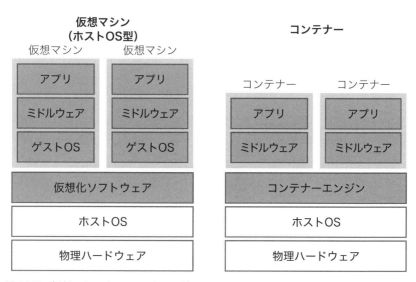

図4.17：仮想マシンとコンテナーの違い

　コンテナー仮想化のソフトウェアとして圧倒的なシェアを誇っているのが「Docker（ドッカー）」です。Dockerは、Docker社がオープンソースソフトウェア（OSS）として開発し、一般に公開しています。Dockerを使用したコンテナー（Dockerコンテナー）を動かすためには、「Dockerエンジン」をインストールしたコンピューターが必要です。Azureには、ユーザーがDockerエンジンを自分でインストールすることなく、Dockerコンテナーを実行できるサービスが複数用意されています。

　Azureのコンテナーを実行する代表的なサービスは、次の3つがあります。

- ・Web App for Containers
- ・Azure Container Instances（ACI）
- ・Azure Kubernetes Service（AKS）

■ Web App for Containers

　Web App for Containersは、「4.1.3 Azure App Service」で解説したApp Service上でコンテナーを実行できます。レジストリからWebアプリケーションのコンテナーイメージを取得し、App Service上に配置して簡単に動かすことができます（図4.18）。App Serviceでコンテナーを実行するメリットは、App Serviceに備わっている自動スケールなどの多様な機能を活用できる点です。Webアプリケーションにかかる負荷を検知して、自動的にサーバーの台数を調整しながらコンテナーを運用できます。インフラストラクチャ（サーバーなど）のメンテナンスも必要ありません。ただし、App Serviceプランを使用するため、App Serviceプランの料金が発生します。

第 4 章

137

レジストリ（格納庫）

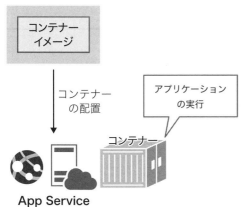

図4.18：Web App for Containersでのコンテナー実行

■ Azure Container Instances（ACI）

　Azure Container Instances（ACI）は、Azureで最も高速で簡単にコンテナーを実行できるサービスです。短時間で処理が完了する簡単なアプリケーションや、特定の時間帯にまとめてデータを処理するプログラムを実行する基盤として利用できます。レジストリからコンテナーイメージを取得し、ACIでコンテナーを実行します（図4.19）。料金はACIを実行した秒単位で発生し、コンテナーを動かすサーバーの管理をする必要はありません。ACIには複数のコンテナーの管理やスケーリングの自動化機能は備わっていませんが、単一のコンテナーを素早く簡単に実行でき、秒単位で支払うことができるという点が特徴です。

　ACIは、レジストリからイメージを取得し、仮想化されたアプリケーションを実行するための移植可能な環境を提供します。

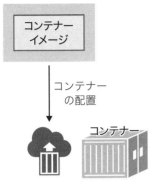

レジストリ（格納庫）

コンテナー
イメージ

コンテナー
の配置

コンテナー

**Azure Container
Instances**

ACIを実行した
秒単位の課金が発生

図4.19：ACIでのコンテナー実行

ここが
ポイント

Azure Container Instancesは、コンピューティングサービスの中のコンテナーサービス
に分類されます。

ここが
ポイント

Azure Container Instancesは、仮想化されたアプリケーションに移植可能な環境を提供
します。

■ Azure Kubernetes Service（AKS）

Azure Kubernetes Service（AKS）は、複数のコンテナーの運用管理に必要
なサービスを提供してくれます。ACIには複数のコンテナーを一元的に管理する
仕組みはありませんが、AKSにはその仕組みが備わっています。

AKSには次のような機能が備わっているため、管理タスクを軽減できます。

・複数のコンテナーの配置
・自動スケールと負荷分散
・正常性の監視やメンテナンスなど

このように、コンテナーの管理や自動化を行うことを「コンテナーオーケストレーション」とよびます。もともとコンテナーオーケストレーションサービスとしてGoogle社が開発したKubernetesというものがあり、オープンソースという形でKubernetesのソースコードが一般に公開されています。AKSは、Google社によって公開されているコードを元にAzure上に実装したKubernetesということになります。AKSは、マイクロソフトによって多くの部分が管理されているため、ユーザーは少ない管理コストでコンテナーを運用管理できます。

Azureで利用できるコンテナーサービスは、Web App for Containers、Azure Container Instances、Azure Kubernetes Serviceなどがあります。

Azureで提供されているレジストリサービスとして「Azure Container Registry（ACR）」があります。ACRについての詳細は、次のマイクロソフトの公式ドキュメントを参照してください。

「AzureにおけるContainer Registryの概要」
https://learn.microsoft.com/ja-jp/azure/container-registry/container-registry-intro

4.1.5 Azure Functions

Azure Functionsは、「サーバーレスコンピューティング」に分類されるサービスです。サーバーレスとは、「サーバーが存在しない」という意味ではなく、「存在するけれども意識しなくてもよい」という意味で使用されます。意識しなくてもよいとは、サーバーのスペックを管理者側で設定する必要はないということです。たとえばApp Serviceでは、Webサーバーとして使用する仮想マシンのスペックに合わせたApp Serviceプランを選択する必要がありました。どれくらいのCPUとメモリが必要か、どんな機能を使用するかを見積もって価格レベルを選択し、価格レベルに応じた料金を支払うという方法がApp Serviceでは採用されています。

それに対して、Azure Functionsには「従量課金プラン」が存在し、処理を実

行した1秒単位の使用量や実行した回数に応じて料金を支払う方法が用意されています。内部的にサーバーは存在しますが、利用者側でCPUやメモリなどのスペックを選択する必要はありません。インフラストラクチャの管理はすべてマイクロソフトにお任せし、開発者はコードを実装することに注力できます。

Azure Functions

裏側に存在するサーバー

コード

従量課金プラン
・処理を実行した時間分の課金
・処理を実行した回数分の課金
・CPUなどのスペックの選択は不要

App Service

App Service プラン
・リソースが存在する間、1時間ごとの秒単位による時間割料金が発生
・CPUや機能に関わるスペックの選択が必要

図4.20：Azure FunctionsとApp Serviceの比較

注意

Azure Functionsには、従量課金プラン以外にPremiumプランとApp Serviceプランが存在します。それらは、CPUやメモリの量をユーザー側で選択し、常にサーバーをスタンバイさせた状態でAzure Functionsを運用します。その場合は処理を実行した分だけ料金を支払う方法ではなく、リソースが存在する間は1秒単位で課金されます。また、それらのプランは仮想ネットワークに統合することができ、従量課金プランよりも多くの機能が備わっているため、要件に合わせてプランを検討してください。

HINT

Azure Functionについての詳細は、次のマイクロソフトの公式ドキュメントを参照してください。

「Azure Functionのホスティング オプション」
https://learn.microsoft.com/ja-jp/azure/azure-functions/functions-scale

ここが
ポイント

Azure Functionsは、Azureの代表的なサーバーレスコンピューティングサービスです。

■ Azure Functionsの仕組み

　Azure Functionsは、「イベント駆動型」です。イベント駆動とは、何かのイベントが発生したことをきっかけに動き出して処理を開始するということです。

　たとえば、処理が開始されるイベントには、次のものがあります。

・ストレージアカウントというストレージサービスに画像ファイルが格納された
・Azure Functionsが持つURLが外部から呼び出された
・Azure Cosmos DBというデータベースにデータが格納された

　このようなイベントを検知してAzure Functionsが動き出し、記述したプログラムの処理を実行します。どのようなイベントに反応するかは「トリガー」とよばれるもので設定します。

　たとえば、ストレージアカウントに画像ファイルが格納されたというトリガーをきっかけに、Azure Functionsが起動します。そして、格納された画像ファイルのサムネイル画像を作成するコードを実行し、画像をリサイズします（図4.21）。このように、Azure Functionsはイベントをきっかけに特定の処理を実行するイベント駆動型のサービスです。

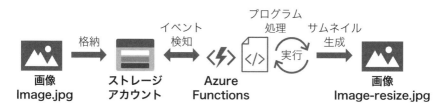

図4.21：トリガー発生時の動き

■ Azure Functionsの関数

　Azure Functionsは関数アプリとも呼ばれ、「関数」を作成してその中に実行さ

せたい処理のコードを記述します。関数は次の言語を使用して作成することができます。

・C#
・JavaScript
・F#
・Java
・PowerShell
・Python
・TypeScript

このようにさまざまな言語がサポートされているため、好みの言語でコードを記述することができます。

4.1.6 Azure Virtual Desktop

Azure Virtual Desktop（AVD）は、ユーザーが使用するためのデスクトップを仮想化環境で提供するサービスです。Azure上に仮想マシンを作成し、ユーザーが使用するアプリケーションなどをインストールして、デスクトップ環境を作成します。ユーザーが自分のローカルPCから仮想デスクトップ環境に接続すると、Azureの仮想マシン上の画面がユーザーのローカルPCに転送されてきます（図4.22）。そのため、あたかも自分のPC上で操作するかのように、仮想デスクトップの画面を操作できます。

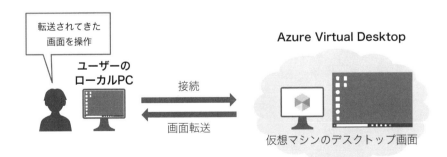

図4.22：AVDへの接続

AVDを使用するメリットは、次のものがあります。

・ハイスペックなPCが必要とされるアプリケーションを実行できる
・ローカルPCが破損した場合でも、データが消えることなく守られる
・大事なデータやアプリケーションをユーザーのローカルPCに置かないため、PC紛失やウイルス感染などのトラブルが起こった場合でも、データの漏洩などのリスクを低減できる（図4.23）
・OSやアプリケーションはAzureの仮想マシン上で一元管理できるため、管理者のローカル端末の管理負荷が軽減される

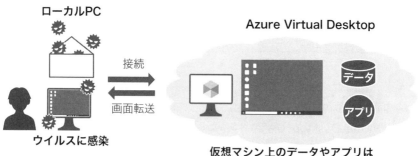

図4.23：仮想デスクトップのメリット

　また、AVDは単一のアプリケーションのみを実行するように構成することもできます。たとえば、ユーザーがAVDに接続すると業務アプリケーションが開き、ユーザーのローカルPCには、その業務アプリケーションの画面のみが転送されます。このように、AVDはデスクトップ環境だけでなく、アプリケーションの仮想化も行うことができます（図4.24）。

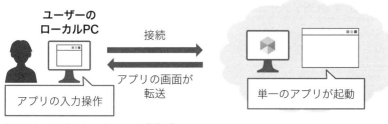

図4.24：アプリケーションの仮想化

第
4
章

Azure Virtual Desktopは、デスクトップとアプリケーションの仮想化を行います。

■Azure Virtual Desktopのマルチセッション機能

Azure Virtual Desktopには、1人のユーザーにつき1台の仮想マシンを使用することができますが、「Windows 10/11 Enterprise マルチセッション仮想マシン」を使用すると、1台の仮想マシンに複数ユーザーが同時にアクセスして使用できます（図4.25）。

マルチセッション機能を使用すると、仮想マシンの台数を減らすことができるため、コストの削減につながります。

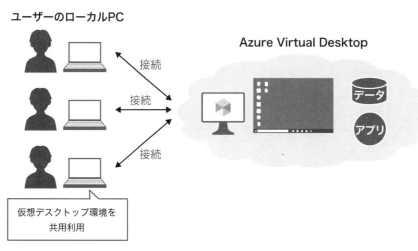

図4.25：仮想デスクトップのマルチセッション接続

■ AVDに使用できるOSイメージ

AVDで使用できるOSイメージは、次の通りです。

- ・Windows 11 Enterprise マルチセッション
- ・Windows 11 Enterprise
- ・Windows 10 Enterprise マルチセッション、バージョン 1909 以降
- ・Windows 10 Enterprise、バージョン 1909 以降
- ・Windows 7 Enterprise
- ・Windows Server 2022
- ・Windows Server 2019
- ・Windows Server 2016
- ・Windows Server 2012 R2

ポイント

Azure Virtual Desktopは、Windows10、Windows11以外のOSも使用できます。

■ Azure Virtual Desktopのホストプール

　ホストプールとは、AVD環境にある同じ構成の仮想マシンをまとめたグループです。ホストプールには、仮想マシンの台数×セッション上限数（接続上限数）のユーザーが同時に接続できます。同じ構成の仮想マシンをホストプールにまとめておくことで、複数ユーザーからのアクセス数を管理者が調整できます。また、仮想マシンにアクセスするユーザーが少ない時には仮想マシンの台数を減らしてコストを削減したり、仮想マシンのパフォーマンスを良くするためにユーザーの接続を均等に分散させることができます。

　たとえば、ホストプールに3台の仮想マシンがあり、ユーザーが6人いる場合、次の方法でユーザーアクセスを負荷分散できます（図4.26）。

- ・均等分散…3台の仮想マシンに6人を均等分散する（仮想マシン1台につき2人のアクセス）
- ・セッション上限分散…1台の仮想マシンのセッション上限に達した場合、次の仮想マシンを使用するように負荷分散する

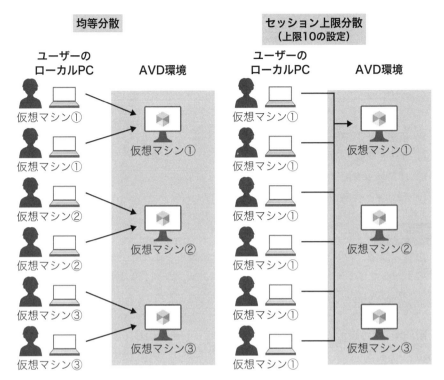

図4.26：Azure Virtual Desktopホストプールへの接続

第4章

ホストプールには、「仮想マシンの台数×セッション上限数」のユーザーが同時に接続でき
ます。

練習問題

問題 4-1

仮想マシンに必須なリソースはどれですか？

A. 仮想ネットワーク
B. サービスエンドポイント
C. パブリックIPアドレス
D. Azure Firewall

問題 4-2

複数の仮想マシンを作成し、サービスを公開することを計画しています。1か所のデータセンターに障害が発生した場合でも、サービスの利用を継続できるようにしなければなりません。

解決策：2つ以上の仮想マシンスケールセットを使用して仮想マシンを作成する。

この解決策で目的を達成することができますか。

A. はい、できます
B. いいえ、できません

問題 4-3

あなたは、仮想マシンスケールセットで仮想マシンを運用しようと計画しています。仮想マシンスケールセットは、仮想マシンを同じ構成にすることができますか。

A. はい、できます
B. いいえ、できません

問題 4-4

あなたは、WebアプリケーションをAzureに移行する予定です。Webアプリケーションの管理作業を最小限に抑えたいと考えています。どのクラウドサービスの種類を選択すればいいですか。

A. IaaS
B. PaaS
C. SaaS
D. DaaS

問題 4-5

あなたは、アプリケーションを作成し、コンテナーで管理しようと考えています。利用できるサービスを2つ選択してください。

A. Azure仮想マシン
B. Azure Virtual Desktop
C. Azure Container Instances
D. Azure Functions
E. Azure Kubernetes Service（AKS）

問題 4-6

Azureのサーバーレスコンピューティングサービスはどれですか。正しいものを選択してください。

A. Azure仮想マシン
B. Azure Functions
C. Azureストレージアカウント
D. Azure App Service

問題 4-7

Azure Virtual Desktopの特性について質問します。Azure Virtual Desktop
セッションホストは、Windows 10またはWindows 11のOSのみをサポートして
いますか。

A. はい、そのとおりです
B. いいえ、そうではありません

問題 4-8

次のステートメントに一致するコンピューティングサービスを下の選択肢から
選んでください。

番号	ステートメント	コンピューティング サービス
①	サーバーレス環境でコードを実行するプラット フォームを提供する	
②	移植可能な環境を使用してアプリケーションを 仮想化する	
③	Webアプリケーションを作成、配置、自動ス ケーリングを構成する	
④	OSの仮想化を提供する	

	コンピューティングサービス
A	Azure App Service
B	Azure Functions
C	Azure Container Instances
D	Azure仮想マシン

練習問題の解答と解説

問題 4-1 **正解** A　　　　　　　　　復復習：4.1.1 「Azure Virtual Machines（仮想マシン）」

　仮想マシンに必要なリソースは、仮想ネットワーク、ネットワークインターフェイス、ディスクです。その他のリソースおよび機能はオプションとして構成できます。したがって、この問題では仮想ネットワークを選択します。

問題 4-2 **正解** B　　　　　　　　　復習 4.1.1 「Azure Virtual Machines（仮想マシン）」

　2つ以上の仮想マシンスケールセットを用意して仮想マシンを作成したとしても、同じデータセンターの場所に作成しては意味がありません。データセンターレベルの障害に対応するためには、「可用性ゾーン」を構成します。

問題 4-3 **正解** A　　　　　　　　　復習 4.1.2 「Azure Virtual Machine Scale Sets」

　仮想マシンスケールセット内の仮想マシンは、すべて同じ構成にすることができます。

問題 4-4 **正解** B　　　　　　　　　復習 4.1.3 「Azure App Service」

　Webアプリケーションの管理作業を最小限に抑えるには、PaaSを選択します。Webアプリケーションを配置する代表的なサービスにAzure App Serviceがあります。

問題 4-5 **正解** C、E　　　　　　　　復習 4.1.4 「コンテナーサービス」

　選択肢にあるAzureのコンテナーサービスは、Azure Container InstancesとAzure Kubernetes Serviceです。

問題 4-6 **正解** B　　　　　　　　　復習 4.1.5 「Azure Functions」

　Azureのサーバーレスコンピューティングサービスは、Azure Functionsです。

151

問題 4-7 **正解** B  復習 4.1.6 「Azure Virtual Desktop」

仮想デスクトップとアプリを使用できるOSは次の通りです。

・Windows 11 Enterprise マルチセッション
・Windows 11 Enterprise
・Windows 10 Enterprise マルチセッション、バージョン 1909以降
・Windows 10 Enterprise、バージョン 1909以降
・Windows 7 Enterprise
・Windows Server 2022
・Windows Server 2019
・Windows Server 2016
・Windows Server 2012 R2

問題 4-8 **正解** ①→B、②→C、③→A、④→D 復習 4.1.1～4.1.5

コンピューティングサービスの特性は次の通りです。

・サーバーレス環境でコードを実行するプラットフォームを提供する…Azure Functions
・移植可能な環境を使用してアプリケーションを仮想化する…Azure Container Instances
・Webアプリケーションを作成、配置、自動スケーリングを構成する…Azure App Service
・OSの仮想化を提供する…Azure仮想マシン

第 **5** 章

Azureのネットワーキングサービス

この章では、Azureの主要なネットワーキングサービスについて
解説します。
まずは、Azureの重要なネットワークサービスである「仮想ネッ
トワーク」に触れ、仮想ネットワーク間やオンプレミスのネット
ワークと接続するために利用するサービスを解説します。そして、
Azure上で利用できる名前解決のサービスについても解説します。

理解度チェック

- [ ] 仮想ネットワーク
- [ ] サブネット
- [ ] ネットワークセキュリティグループ(NSG)
- [ ] 仮想ネットワークピアリング
- [ ] VPNゲートウェイ
- [ ] ローカルネットワークゲートウェイ
- [ ] ExpressRoute
- [ ] DNSゾーン
- [ ] プライベートDNSゾーン

アクセスキー **9**
(数字のきゅう)

5.1 Azure仮想ネットワーク

　第4章では、Azureの代表的なコンピューティングリソースを紹介しました。仮想マシンを始めとするさまざまなリソースは、ネットワークに接続するために「仮想ネットワーク」を利用します。

　ここでは、Azureの仮想ネットワークの概要と作成方法、そしてネットワーク間を接続する方法について解説します。

5.1.1 仮想ネットワークとサブネット

　Azure Virtual Network（仮想ネットワーク：VNet）とは、Azureに作成するプライベートネットワークのことで、仮想マシンなどのリソースを配置し、ネットワーク通信を提供します。物理的なネットワークでは、ルーターやハブなどのネットワーク機器を設置し、LANケーブルなどの配線を行う必要がありますが、AzureではAzure portalなどの管理ツールを使用して、簡単にネットワークを作成できます。作成した仮想ネットワークは、Azureの他の仮想ネットワーク、インターネット、Azure以外のクラウドサービス（AWSやGCPなど）、そしてオンプレミスの物理的なネットワークなどと相互に接続することができます（図5.1）。

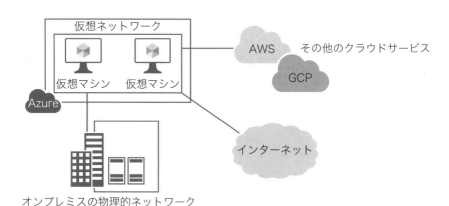

図5.1：仮想ネットワーク

　Azureの仮想マシンなどをネットワークに接続するには、まずAzureに「仮想ネットワーク」というリソースを作成します。仮想ネットワークには、最低でも

1つサブネットが必要で、仮想ネットワークと一緒にサブネットも作成します。そしてサブネットに仮想マシンなどを配置すると、そのサブネットのアドレス範囲からIPアドレスが自動的に割り当てられ、通信が可能になります。仮想ネットワーク内に複数のサブネットを作成すると、物理ネットワークをネットワーク機器で分割できるように、Azureの仮想ネットワークも分割することができます。

　仮想マシンは同じサブネットの仮想マシンと通信できますが、同じ仮想ネットワーク内のサブネット間も自動ルーティングされるため、追加の設定なしで互いに通信できます（図5.2）。

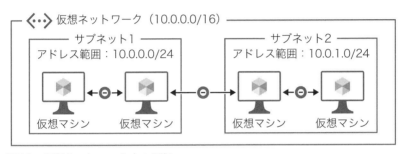

図5.2：仮想ネットワーク内の通信

　一方、仮想ネットワークが複数ある場合、それぞれの仮想ネットワークは独立しているため、既定の状態では通信できないようになっています（図5.3）。そのため、仮想ネットワーク間で通信が必要な場合は、何らかの方法で仮想ネットワークを接続する必要があります。仮想ネットワーク間の接続については、「5.1.3 仮想ネットワーク間の接続」で解説します。

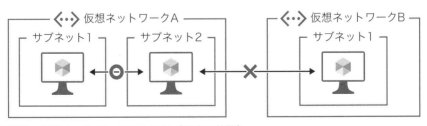

図5.3：仮想ネットワーク間の通信（既定の状態）

仮想ネットワークは、仮想マシンを使用する時に必須のリソースです。

仮想ネットワーク間は既定で通信できません。

■仮想ネットワークとサブネットのアドレス範囲

　仮想ネットワークを作成する時に、使用するネットワークのアドレス範囲を指定します。仮想ネットワークに指定するアドレス範囲のことを「アドレス空間」と呼びます。

　また、サブネットを作成する際もアドレス範囲の指定が必要です。サブネットに指定するアドレス範囲は、仮想ネットワークのアドレス空間に含まれる範囲を設定します。たとえば、仮想ネットワークのアドレス空間に「10.0.0.0/16」を指定している場合は、その仮想ネットワークのサブネットには「10.0.0.0/24」や「10.0.1.0/24」などのアドレス範囲を指定します。

　仮想マシンなどのリソースをサブネットに配置すると、サブネットに割り当てられているアドレス範囲の中から自動的にIPアドレスが割り当てられます。このIPアドレスは「プライベートIPアドレス」と呼ばれ、Azure内部の通信で使用されます（図5.4）。

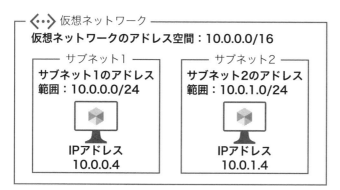

図5.4：仮想ネットワークとサブネットのアドレス範囲の設定

　使用したいサービスによっては、専用のサブネットが必要となる場合があります。たとえば「VPNゲートウェイ」と呼ばれるリソースは、「GatewaySubnet」という名前の専用のサブネットを作成し、そのサブネット上に配置する必要があります（詳細は「5.1.3 仮想ネットワーク間の接続」を参照）。他にもAzure Firewall用のサブネット（AzureFirewallSubnet）やAzure Bastion用のサブネット（AzureBastionSubnet）などがあります（図5.5）。

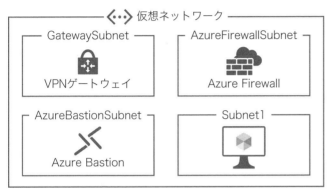

図5.5：ネットワークサービス専用のサブネット

HINT　サブネットで使用できるIPアドレスの数

サブネットのアドレス範囲として「10.0.0.0/24」を指定した場合、IPアドレスの範囲としては「10.0.0.0〜10.0.0.255」となり256個のIPアドレスが含まれます。しかし、サブネットごとに5つのIPアドレスがAzureによって予約されるため、実際に仮想マシンなどのリソースに割り当てることができるIPアドレスは251個となります。
たとえば、「10.0.0.0/24」のアドレス範囲が指定されているサブネットに1台目の仮想マシンを配置すると、その仮想マシンには「10.0.0.4」のIPアドレスが割り当てられます。これは、「10.0.0.0」、「10.0.0.1」、「10.0.0.2」、「10.0.0.3」、「10.0.0.255」がAzureによって予約されるため、そのサブネットで使用可能なIPアドレスは「10.0.0.4」からになるからです。

■ 仮想ネットワークの作成

　仮想ネットワークを作成するには、最初に以下のような項目を指定します（図5.6)。

- ・サブスクリプション
- ・リソースグループ
- ・仮想ネットワークの名前
- ・地域（リージョン）

図5.6：仮想ネットワークの作成（基本タブ）

　仮想ネットワークを作成する際に、仮想ネットワークをどこに作成するかを［地域］で指定しますが、仮想ネットワークと仮想マシンは同じリージョンに作成する必要があります。たとえば、米国西部リージョンの仮想ネットワークに東日本リージョンの仮想マシンを作成しようとしてもできません。仮想ネットワークと仮想ネットワークに配置する仮想マシンは、同じリージョンに作成する必要があります。したがって、仮想ネットワークのリージョンを指定する際は、配置する仮想マシンのリージョンも考慮してください。

　そして次の［IPアドレス］タブで、仮想ネットワークが利用するアドレス空間と、サブネットの設定を行います（図5.7)。また図5.7のように、複数のサブネットをまとめて作成することも可能です。

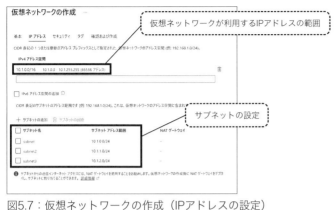

図5.7：仮想ネットワークの作成（IPアドレスの設定）

サブネットの追加や削除は、仮想ネットワーク作成後も可能です。

■ 仮想ネットワーク内の通信と仮想ネットワーク間の通信

前述したように、同じ仮想ネットワーク内に配置した仮想マシンなどのリソースは、サブネットが異なっていても互いに通信が可能です。これは、仮想ネットワークの既定のルーティングルールにより、自動的にルーティング（中継）が行われるためです（図5.8）。

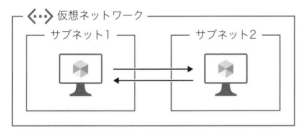

図5.8：同一仮想ネットワーク上のリソースの通信

仮想ネットワークが複数ある場合はどうなるでしょうか。それぞれの仮想ネットワークは独立しているため、既定で互いに通信することはできません（図5.9）。特定の仮想マシン間で通信させたくないという要件がある場合は、異なる仮想ネットワークに配置することで実現できます。

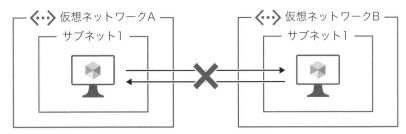

図5.9：異なる仮想ネットワーク上のリソースの通信

ポイント

異なる仮想ネットワーク上のリソースは、既定で互いに通信することができません。特定の仮想マシン間で通信させたくない場合は、異なる仮想ネットワークに配置します。

5.1.2 ネットワークセキュリティグループ(NSG)

　セキュリティなどの理由により、インターネットとの通信やAzure内部（仮想ネットワーク間やサブネット間）の通信を制限したい場合があります。そのような場合、「ネットワークセキュリティグループ（NSG）」を用いることにより、通信のフィルタリングを行うことができます。ネットワークセキュリティグループを構成することで、宛先や送信元のIPアドレス、ポート番号を指定してトラフィックを許可したり、拒否したりすることができます（図5.10）。

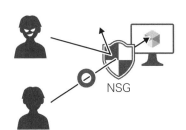

図5.10：ネットワークセキュリティグループ

HINT ポート番号とは

ポート番号とは、コンピューターが通信を行う際にプログラムを識別するための番号です。たとえば同じコンピューターで、同時にWebページを開いたり、メールを送受信したり、ファイルを共有したりすることができますが、その際ポート番号という番号を用いてプログラムを識別しています。

IPアドレスは「ビル」に、そしてポート番号は番号が振られた「扉」にしばしば例えられます。「HTTPS用のデータは443番扉」、「FTP用のデータは20番と21番扉」、そして「リモートデスクトップ（RDP）用の扉は3389番」というように通れる扉の番号とデータの種類が決まっていることもあります。

　使っていない扉を閉じておくことで、セキュリティが向上します。たとえば、ある仮想マシンでHTTPSしか使用していない場合、443番ポートのみを許可し、それ以外のポートをブロックしておくことでセキュリティが向上します（図5.11）。

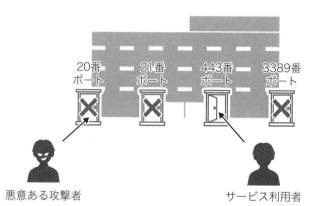

図5.11：使用するポートのみ許可する

第 5 章

161

■ネットワークセキュリティグループの構成

ネットワークセキュリティグループの基本的な構成手順は、次の通りです。

```
STEP1：ネットワークセキュリティグループを作成する
          ↓
STEP2：セキュリティ規則を構成する
          ↓
STEP3：ネットワークセキュリティグループを関連付ける
```

● STEP1：ネットワークセキュリティグループを作成する

　Azure portalなどを使用して、ネットワークセキュリティグループを作成します。

● STEP2：セキュリティ規則を構成する

　ネットワークセキュリティグループを作成したら、許可する通信と拒否する通信のルールを構成します。受信する際のルールは「受信セキュリティ規則」、そして送信する際のルールは「送信セキュリティ規則」で構成します。

　セキュリティ規則を構成する際に使用する主な項目は次の通りです。

　・ソース
　　接続元のIPアドレスやポート番号などを指定します。

　・宛先
　　接続先のIPアドレスやポート番号などを指定します。

　・アクション
　　接続を許可するか、拒否するかを指定します。

・優先度

複数の規則が構成されている場合は、優先度の順に評価されます。優先度の値が小さい方が優先度は高くなります。

図5.12：受信セキュリティ規則の追加

図5.12の例では、インターネットからのリモートデスクトップ接続（RDP）トラフィックを拒否する受信ルールを追加しています。

ここがポイント

セキュリティ規則は、受信セキュリティ規則、送信セキュリティ規則それぞれで設定可能です。

●STEP3：ネットワークセキュリティグループを関連付ける

　受信セキュリティ規則と送信セキュリティ規則を編集したら、ネットワークセキュリティグループの関連付けを行います。ネットワークセキュリティグループは、仮想マシンのネットワークインターフェイス、または、サブネットに関連付けることができます。

　また、1つのネットワークセキュリティグループを複数のネットワークインターフェイスやサブネットに関連付けることもできます。同じ内容の規則を複数の仮想マシンやサブネットに割り当てたい場合は、作成したネットワークセキュリティグループを使い回すことができます（図5.13）。

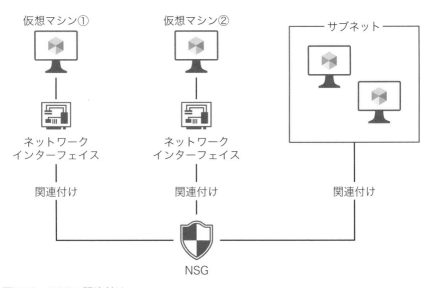

図5.13：NSGの関連付け

ネットワークセキュリティグループは、ネットワークインターフェイス、またはサブネットに関連付けることができます。

5.1.3 仮想ネットワーク間の接続

Azureに複数の仮想ネットワークが作成されている場合、それぞれの仮想ネットワークは独立しているため、仮想ネットワーク間は既定で通信できないようになっています。ここでは仮想ネットワーク間を接続する方法として、「仮想ネットワークピアリング」と「VNet間接続」を解説します。

■ 仮想ネットワークピアリング

仮想ネットワークピアリングとは、Azureの2つの仮想ネットワークをマイクロソフトのバックボーンを使用して接続する機能です。接続すると2つの仮想ネットワークは、あたかも同じ仮想ネットワークであるかのように動作し、異なる仮想ネットワークに配置されている仮想マシン間も、プライベートIPアドレスで通信できるようになります（図5.14）。接続にはAzureのバックボーンが使われるため帯域制限などはなく、広帯域接続ができます。また、後述するVPNゲートウェイなどのネットワークリソースを作る必要がないため、簡単に仮想ネットワーク間を接続できるという利点もあります。

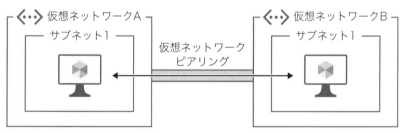

図5.14：仮想ネットワークピアリングによる接続

> 💡 **HINT バックボーンとは**
>
> 大規模な通信ネットワークにおいて、拠点間、国家間などを結ぶ大規模な基幹ネットワークのことを「バックボーン」といいます。マイクロソフトは、世界中の拠点を相互に接続するネットワークを独自に保有しており、Microsoft AzureだけでなくMicrosoft 365やBing、Xboxなどを始めとする多くのマイクロソフトサービスで利用されています。

仮想ネットワークピアリングのコスト
通常、同じリージョン内であれば受信も送信もデータ転送料は発生しません。ピアリング
はVPNゲートウェイなどが不要なため、その分のコストは発生しませんが、2つの仮想ネッ
トワークが同じリージョン内であったとしても送信受信共にデータ転送料がかかります。

■ ピアリングの種類

仮想ネットワークピアリングは、以下の2種類があります。

・仮想ネットワークピアリング
・グローバル仮想ネットワークピアリング

同じリージョンにある仮想ネットワーク間で接続されたものを「仮想ネット
ワークピアリング」と呼び、異なるリージョンの仮想ネットワーク間を接続した
ものを「グローバル仮想ネットワークピアリング」と呼びます（図5.15）。

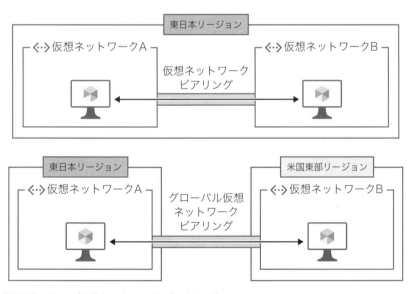

図5.15：2つの仮想ネットワークピアリング

同じリージョンの仮想ネットワークピアリングとグローバル仮想ネットワーク
ピアリングの違いは、まず料金が挙げられます。前述したように、仮想ネット

ワークピアリングは送信も受信もデータ転送料が発生しますが、仮想ネットワークピアリングとグローバル仮想ネットワークピアリングでは、異なる料金表が適用され、グローバル仮想ネットワークピアリングの方が割高です。またグローバル仮想ネットワークピアリングでは、異なるリージョンの仮想ネットワーク間を接続するため、ネットワーク遅延の影響も大きくなります。

　設定の手順については、仮想ネットワークピアリングとグローバル仮想ネットワークピアリングには、特に違いはありません。接続先の仮想ネットワークのリージョンによって、仮想ネットワークピアリングやグローバル仮想ネットワークピアリングになります。

ポイント

異なるリージョンの仮想ネットワーク間もピアリングで接続することができ、そのピアリングをグローバル仮想ネットワークピアリングと呼びます。

■ピアリング接続時の注意事項

　仮想ネットワークピアリングに限らず、ネットワーク間を接続するには、IPアドレスの重複に注意する必要があります。使用している、IPアドレスの範囲が重複している仮想ネットワーク間は、ピアリングなどで接続をすることができません（図5.16）。あらかじめ、異なるIPアドレス帯を利用する必要があります。

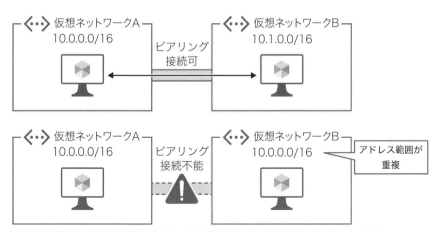

図5.16：接続可能な仮想ネットワークと接続不可能な仮想ネットワークの例

ここが
ポイント

仮想ネットワーク間を接続する場合、それぞれの仮想ネットワークが使用しているIPアドレスの範囲が重複していると接続できません。

■ 仮想ネットワークピアリングの設定

仮想ネットワークピアリングの設定は、Azure portalの［ピアリングの追加］画面で行うことができます。［ピアリングの追加］画面では、主にピアリングの名前と接続したい仮想ネットワークを指定します（図5.17）。

図5.17：ピアリングの設定画面

仮想ネットワークピアリングを構成するには、双方向のリンクが必要です。これは「自分の仮想ネットワークから接続相手の仮想ネットワークへのピアリング」だけでなく、「接続相手の仮想ネットワークから自分の仮想ネットワークへのピアリング」も必要です。双方向のリンクが揃うことで2つの仮想ネットワーク間が接続されるので、片方のリンクしかない場合には、仮想ネットワークピアリングは確立されません（図5.18）。

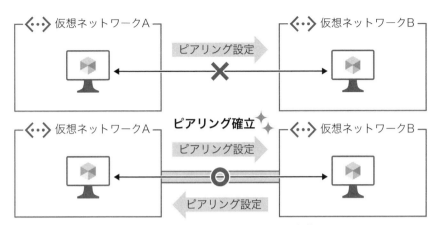

図5.18：ピアリング接続は双方向の設定がそろって初めて有効になる

　図5.17では、ピアリングリンク名を2つ入力しています。Azure portalの［ピアリングの作成］画面を使用する場合は、同時に双方向のリンクを作成できるため、1つの作成画面に2つのピアリングリンク名を入力します。
　このようにピアリングは追加のリソースを作成することなく、簡単に仮想ネットワークを接続できます。

■ VNet間接続

　VNet間接続は、2つのAzureの仮想ネットワークをVPNで接続する方法です。VPNとは、Virtual Private Network（仮想プライベートネットワーク）の略で、インターネット上でデータを安全にやり取りできるように暗号化技術を使って仮想的にVPNトンネルを作成します。VPNトンネルを使用するので、インターネット上をあたかも専用線を使用しているかのように、安全に通信することができます。
　仮想ネットワークの間をVPNで接続するには、「VPNゲートウェイ」が必要です。接続するには、双方の仮想ネットワークにVPNゲートウェイをデプロイし、2つのVPNゲートウェイをVPNで接続します。仮想ネットワーク間にVPNが確立されたら、それぞれの仮想ネットワークの仮想マシンは、プライベートIPアドレスで通信が可能となります（図5.19）。

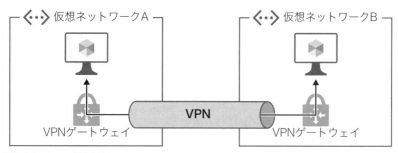

図5.19：VNet間接続

　VPNゲートウェイについては、「5.1.4 オンプレミスネットワークとの接続」で説明します。

■ VNet間接続の料金

　VNet間接続にはVPNゲートウェイの料金が発生します。VPNゲートウェイには何種類かのSKU（エディション）があり、どのSKUを選択するかによって帯域幅や価格などが異なります。しかし、仮想ネットワークピアリングとは異なり、2つの仮想ネットワークが同じリージョン内であればデータ転送料はかかりません。

　ここでは仮想ネットワーク間を接続する方法として、仮想ネットワークピアリングとVNet間接続を説明しました。どちらの方法を選択するかは、必要な機能やコストなどを考慮して決定してください。

5.1.4　オンプレミスネットワークとの接続

　Azureの仮想ネットワークとオンプレミスのネットワークを接続する方法として、「サイト間VPN」と「ExpressRoute」があります。

　サイト間VPNは、VPNを使用してAzureの仮想ネットワークとオンプレミスのネットワークを接続する方法です。サイト間VPNもVPNを使用するため、あたかも専用線で接続されているかのように、インターネット上を安全に通信することができます。VPN接続が確立されると、Azureの仮想ネットワークとオンプレミスの間もプライベートIPアドレスで通信できます（図5.20）。

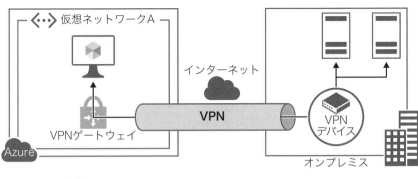

図5.20：サイト間VPN

　Azureの仮想ネットワークとオンプレミスのネットワークを接続するもう1つの方法として、ExpressRouteがあります。ExpressRouteは、Azureの仮想ネットワークとオンプレミスネットワークを専用線で接続するサービスです。専用線を使用するため、信頼性が高く高速な通信が可能となります。

　サイト間VPNやExpressRouteを用いると、オンプレミスのネットワークを仮想ネットワークに拡張することができます。Azureとオンプレミス間を接続することで、互いにプライベートIPアドレスで通信が可能となり、あたかも同じプライベートなネットワークであるかのように動作させることができます。

　たとえば、オンプレミスの環境にドメインコントローラーと呼ばれる、認証サーバーがあるとします。通常、ドメインコントローラーはハードウェアの障害などに備えて複数台構築し、互いにデータ（アカウント情報）を持ち合います。ドメインコントローラーの機能をAzure仮想マシンにも持たせておいて、ユーザーアカウントなどのデータを同期させておくことで、オンプレミスの拠点が火災や水没などの影響を受けた場合であっても、サービス停止やすべてのデータが消失するといった事態を回避することができます（図5.21）。

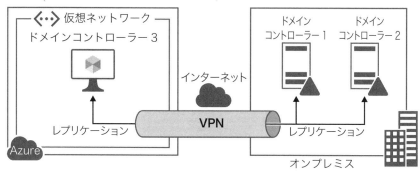

図5.21：オンプレミスの環境をAzureに拡張する

サイト間VPNやExpressRouteを用いると、オンプレミスの環境をAzureに拡張すること
ができます。

■ VPNゲートウェイ

　サイト間VPNを構成するには、VPNゲートウェイが必要です。VPNゲートウェ
イはAzureのVPNルーターに相当するサービスで、仮想ネットワーク間や仮想
ネットワークとオンプレミスなどをVPNで接続することができます。

● VPNゲートウェイの利用パターン

　VPNゲートウェイは複数の用途で利用できます。VPNゲートウェイは、以下の
接続で利用します。

　・VNet間接続
　・サイト間VPN
　・ポイント対サイトVPN

　VNet間接続は「5.1.3 仮想ネットワーク間の接続」で説明したように、仮想
ネットワーク間をVPNで接続する方法です。また、サイト間VPNはAzureの仮想
ネットワークとオンプレミスのネットワークをVPNで接続する方法です。そして、

ポイント対サイトVPNは、ネットワーク間接続ではなく、個々のデバイスをVPN
でAzureの仮想ネットワークに接続する方法です。接続するデバイスをVPNクラ
イアントとして構成すると、デバイスを直接Azureの仮想ネットワークにVPNで
接続し、Azureの仮想マシンなどのリソースとプライベートIPアドレスで接続で
きるようになります（図5.22）。

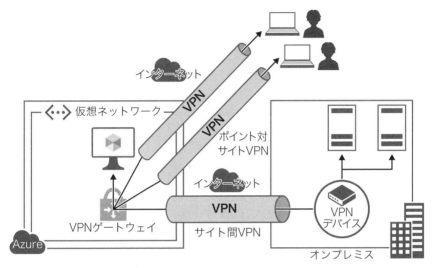

図5.22：サイト間VPNとポイント対サイトVPN

ここでは、サイト間VPNの大まかな構成手順を説明します。

■サイト間VPNの構成手順
サイト間VPNを構成する際のAzure側の手順は次の通りです。

```
STEP1：仮想ネットワークに、ゲートウェイ用のサブネットを作成する
        ↓
STEP2：VPNゲートウェイを作成する
        ↓
STEP3：ローカルネットワークゲートウェイを作成する
        ↓
STEP4：VPNゲートウェイとローカルネットワークゲートウェイを接続する
```

●STEP1：仮想ネットワークに、ゲートウェイ用のサブネットを作成する

　VPNゲートウェイを作成するには、まず仮想ネットワークに、仮想ネットワークゲートウェイ専用のサブネットを作成します。このサブネットには、自動的に「GetewaySubnet」という名前が設定されます。

●STEP2：VPNゲートウェイを作成する

　STEP1で作成したサブネット内に、VPNゲートウェイを作成します。
　VPNゲートウェイを作成するには、Azure portalで「仮想ネットワークゲートウェイ」というリソースを作成します。ゲートウェイの種類として「VPN」を選択すると、VPNゲートウェイとして作成されます。

HINT ExpressRoute用のゲートウェイ

ExpressRouteで接続する場合もゲートウェイが必要です。「仮想ネットワークゲートウェイ」リソースを作成する際に種類として「ExpressRoute」を指定します。ExpressRoute用のゲートウェイも、GatewaySubnetに作成します。

● STEP3：ローカルネットワークゲートウェイを作成する

　VPNゲートウェイのほかに、「ローカルネットワークゲートウェイ」というリソースを作成します。ローカルネットワークゲートウェイには、オンプレミス側のVPNルーターのグローバルIPアドレスや、オンプレミス側のネットワークのアドレス範囲などを設定します。

● STEP4：VPNゲートウェイとローカルネットワークゲートウェイを接続する

　VPNゲートウェイとローカルネットワークゲートウェイを接続するには、「接続」というリソースを作成し、作成した「VPNゲートウェイ」と「ローカルネットワークゲートウェイ」を結び付けます。

　そして、上記のAzure側の設定に加えて、オンプレミス側でもVPNルーターの構成が必要です。設定が終わると、Azureの仮想ネットワークとオンプレミスのネットワークの間をVPNで接続できます（図5.23）。

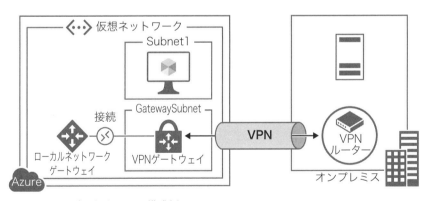

図5.23：VPNゲートウェイの構成例

第5章

サイト間VPNを構成する手順は次のとおりです。

①仮想ネットワークに「GatewaySubnet」を作成する

②VPNゲートウェイ（仮想ネットワークゲートウェイ）を作成する

③ローカルネットワークゲートウェイを作成する

④VPNゲートウェイとローカルネットワークゲートウェイを接続する

ローカルネットワークゲートウェイには、オンプレミス側の各種情報を設定します。

■ ExpressRoute

　ExpressRouteとは、マイクロソフトとオンプレミスのネットワークを専用線で接続するサービスです。ExpressRouteを使用すると、セキュアで信頼性の高い安定した接続が可能です。ExpressRouteはMicrosoft Azureだけでなく、Microsoft 365などのMicrosoftクラウドサービスでも利用できます。

　ExpressRouteを利用するには、ExpressRouteへの接続サービスを提供する接続プロバイダーとの間で別途契約が必要です。接続プロバイダーは、ユーザーの物理的なネットワークの間に、OSI参照モデルのレイヤー2、またはレイヤー3の接続を提供します。一般的に、レイヤー2接続はユーザー側のネットワーク設計の自由度が高くなる分、設定や保守の負担が重くなりがちです。一方、レイヤー3を選択すると、ユーザー側の設定や保守の負担が軽くなります。

HINT OSI参照モデルとは

OSI参照モデルとは、コンピューターネットワークで利用されているプロトコル（通信方式）を7つの層に分類して、組み合わせ可能にしたモデルです。たとえば、パソコンがインターネットに接続するとき、有線LANやWi-Fi、モバイルネットワークなど、どれを使用してもWebサイトの閲覧やメールの送受信などを行うことができます。これはWebやメールなどといった「アプリケーション層（第7層）」などはそのままで、ネットワークの物理的な接続を定める「物理層（第1層）」や、通信の接続方式を定める「データリンク層（第2層）」、「ネットワーク層（第3層）」などを有線LANやWi-Fiなどに応じて使い分けることで実現しています。

ここが
ポイント

ExpressRouteは、OSI参照モデルのレイヤー2、またはレイヤー3の専用線接続を提供します。

5.2　Azureの名前解決について

　ここでは、Azureで利用できる「名前解決」のサービスを解説します。

　TCP/IPで通信するには接続先のIPアドレスが必要になりますが、接続先のIPアドレスをすべて記憶しておいて、IPアドレスを手入力して接続するのは大変です。一般的に私達は、覚えにくい数字で構成されたIPアドレスではなく、「Server1.test.com」など覚えやすい名前（FQDN）で接続します。名前をIPアドレスに変換することを「名前解決」と呼び、その名前解決を提供するのが「DNSサーバー」です。

　たとえば、Server1.test.comというサーバーがあり、クライアントはそのサーバーに接続する必要があるとします。しかし接続するには、Server1.test.comのIPアドレスが必要です。DNSサーバーがあれば、ユーザーが名前でサーバーに接続を行っても、裏側でDNSサーバーへの問い合わせが自動的に行われます。問い合わせが来たら、DNSサーバーはデータベースに登録されているDNSレコードを検索し、IPアドレスをクライアントに返します。クライアントはそのIPアドレスを使用してサーバーに接続します（図5.24）。

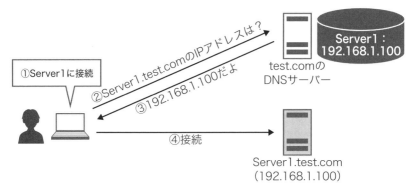

図5.24：DNSサーバーによる名前解決

　インターネットも巨大なTCP/IPのネットワークなので、Webサイトに接続するには、接続先のWebサーバーのIPアドレスが必要です。たとえば、Webブラウザーのアドレスバーに「https://www.edifist.co.jp/」と入力してアクセスすると、弊社（エディフィストラーニング）のサイトを開くことができますが、これはURLがIPアドレスに変換（解決）されることでアクセスできるようになっています。インターネット上で名前解決を行っているのもDNSサーバーです。

　DNSサーバーを自分達で構築した場合は、サーバーの保守も自分達で行う必要がありますが、AzureにはDNSサーバーを自分達で構築しなくても「名前解決」を行うことができる便利なサービスが提供されています。ここでは、Azureで利用できる便利な名前解決のサービスについて解説します。

5.2.1 DNSゾーン

　Azureにはインターネットの名前解決を行うためのサービスとして、「DNSゾーン」があります。DNSゾーンはインターネット上で、Webサイトの閲覧やメールサーバーへの接続などをする際の名前解決に用いられます。

　世界中のコンピューターがインターネット上で名前解決できるようにするためには、「ドメイン」を取得する必要があります。ドメインの名前は「abc.com」など、通常は会社名やブランド名などわかりやすい名前で取得します。ドメインは世界で重複しないように、ドメインレジストラーによって管理されていて、基本的に早い者勝ちで取得ができます。

　ドメインを取得すると、そのドメインを管理するためのDNSサーバーが必要となります。そのドメイン管理用のDNSサーバーとして、Azureの「DNSゾーン」

を利用できます。ドメインレジストラーのDNSサーバーを利用できるため、必ずしもユーザーがDNSサーバーを用意しなくてはならないわけではありません。しかし、ドメインの管理にAzureのDNSゾーンを用いることで、Azure側でアクセス制御やログ監視ができるようになるなどさまざまな利点が生まれます。

■DNSゾーンのメリットと注意点

AzureのDNSゾーンは、前述したようにインターネット上で名前解決を行うためのサービスです。Azure DNSゾーンを使用することで、名前解決の仕組みをインターネット上で利用できるようにするほか、以下のメリットを得ることができます。

①Azureで管理されたDNSサーバーを利用することができる

利用者が自らDNSサーバーを構築、運用管理する必要がないため、利用者の管理負荷が減ります。

②Azureの強固なセキュリティや管理機能が使える

DNSゾーンは、さまざまなAzureのセキュリティの仕組みを利用することができます。たとえば、もともとAzureが持っているアクセス管理機能や、ロック（誤削除防止）、アクティビティログなどの仕組みを利用することができます。

③グローバルネットワークの活用

AzureのDNSゾーンで利用されるサーバーは、世界中に分散配置されています。このため、広大な国または地域でDNSサーバーの応答速度の向上が見込めます。

ただし、DNSゾーンにはドメイン取得機能は備わっていないため、ドメインの取得は別途ドメインレジストラーなどで行う必要があります。

ここが
ポイント

DNSゾーンを利用するためには、別途、ドメインレジストラーでドメインを取得する必要があります。

■DNSゾーンの構成

DNSゾーンを構成するには、最初にドメイン名を指定してDNSゾーンリソースを作成します（図5.25）。

図5.25：DNSゾーンの作成

　DNSゾーンを作成したら、「レコード」を追加します。DNSゾーンは、この登録されているレコードの内容を参照して、クライアントからのDNS要求に応答します。たとえば「Aレコード」はドメイン名やホスト名をIPアドレスに解決するために使われます（図5.26）。

```
レコード セットの追加                    ×
edifist.co.jp

名前
www
                                        .edifist.co.jp

種類
A - IPv4 アドレスへのエイリアス レコード

エイリアスのレコード セット ⓘ
◯ はい  ⦿ いいえ

TTL *              TTL の単位
1                  時間

IP アドレス
124.33
0.0.0.0
```

図5.26：DNSレコード作成

　DNSゾーンに作成できるレコードとして、AレコードやMXレコード、TXTレコードなどさまざまなタイプのレコードを作成することができます。DNSゾーンで利用できる主なレコードの種類は表5.1の通りです。

レコードの種類	概要
Aレコード	IPv4で、ホスト名とIPアドレスを関連付けるレコード。ホスト名からIPアドレスを調べる「正引き」で利用される。
AAAAレコード	IPv6で、ホスト名とIPアドレスを関連付けるレコード。
CNAMEレコード	ドメインやホストの別名を定義するレコード。
MXレコード	対象ドメインあてのメール転送先を定義するレコード。
NSレコード	ゾーンの情報を管理するネームサーバーを定義するレコード。
PTRレコード	IPアドレスからホスト名を関連付けるレコード。IPアドレスからホスト名を調べる「逆引き」で利用される。

表5.1：DNSゾーンで利用可能な主なレコード

第5章

■ DNSゾーンの委任

　AzureのDNSゾーンはインターネット上に公開されているため、インターネットから参照可能です。しかしDNSゾーンを構成しただけでは、砂漠の真ん中にぽつんとある一軒家と同じで導線がありません。世界中のインターネットユーザーがAzure DNSゾーンの情報を参照できるようにするためには、世界中でつながっているDNSのツリー構造の中に、DNSゾーンを追加する必要があります。

　世界中のDNSドメインは階層化されており、トップのルートドメインには13台の「ルートDNSサーバー」があります。たとえば「www.edifist.co.jp」の場合、以下のような階層のドメインになっています（図5.27）。

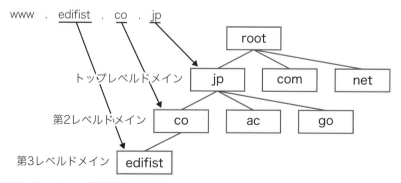

図5.27：ドメインの階層構造

　各ドメインには自分のドメインのレコードを管理するDNSサーバーが存在します。DNSサーバーは、自分のドメインのDNSレコードを持つほか、配下のドメインのDNSサーバーの情報も持っています。配下のDNSサーバーの情報は、「NSレコード」として登録されています。

　実際の名前解決の動きを「www.edifist.co.jp」のWebページにアクセスしようとしてきたユーザーを例に説明します（図5.28、表5.2）。

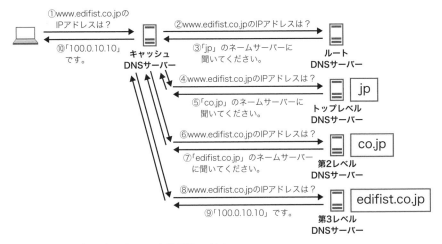

図5.28：インターネットでの名前解決の流れ

順序	名前解決の流れ
①	ユーザーは「www.edifist.co.jp」のIPアドレスを、PCに設定されているDNSサーバーに問い合わせを行います。
②	DNSサーバーは、自身で情報を持ち合わせていない場合、最上位の「ルートDNSサーバー」に問い合わせを行います。この問い合わせを行うDNSサーバーを「キャッシュDNSサーバー」と呼びます。
③	「www.edifist.co.jp」のレコードがない場合は、配下の「jp」ドメインを管理しているDNSサーバーを紹介します。
④	キャッシュDNSサーバーは、「jp」ドメインを管理しているDNSサーバーに問い合わせを行います。
⑤	「jp」ドメインを管理しているDNSサーバーに「www.edifist.co.jp」のレコードがない場合は、配下の「co.jp」を管理しているDNSサーバーを紹介します。
⑥	キャッシュDNSサーバーは、「co.jp」を管理しているDNSサーバーに問い合わせを行います。
⑦	「co.jp」を管理しているDNSサーバーに「www.edifist.co.jp」のレコードがない場合は、「edifist.co.jp」を管理しているDNSサーバーを紹介します。
⑧	キャッシュDNSサーバーは、「edifist.co.jp」を管理しているDNSサーバーに問い合わせを行います。
⑨	「edifist.co.jp」を管理しているDNSサーバーは「www.edifist.co.jp」の情報を持っているため、IPアドレスをキャッシュDNSサーバーに返します。
⑩	キャッシュDNSサーバーは取得したIPアドレスをクライアントに返します。

表5.2：実際の名前解決の動き

　クライアントはキャッシュDNSサーバーから得られたIPアドレスを利用して、目的のサーバーに接続します。

第

5

章

　このような流れでインターネット上の名前解決が行われるので、世界中のユーザーが「www.edifist.co.jp」というアドレスでwebページにアクセスできるようにするためには、「co.jp」を管理するDNSサーバーに「edifist.co.jp」のDNSサーバーの情報を登録する必要があります。具体的には、「co.jp」を管理するDNSサーバーに、「edifist.co.jp」のDNSサーバーをポイントする「NSレコード」を登録します。このように、上位のDNSサーバーにNSレコードを登録する操作のことをDNSゾーンの「委任」といいます。

　Azure DNSゾーンを利用して名前解決を行えるようにするには、委任が必要です。作成したDNSゾーンリソースの［概要］画面に、DNSゾーンをホストする4台のDNSサーバー名が表示されます（図5.29）。この4台のDNSサーバーのNSレコードを登録します。

図5.29：DNSゾーンの概要画面

　委任を行うと、DNSゾーンがインターネットのドメインの階層構造に組み込まれるため、DNSゾーンに登録しているレコードを使用した名前解決ができるようになります。

Azure DNSゾーンの内容をインターネットで利用できるようにするためには、DNSサーバーの委任を行う必要があります。

5.2.2 プライベートDNSゾーン

「5.2.1 DNSゾーン」では、Azureで利用できるインターネット用の名前解決サービスとしてDNSゾーンを説明しました。ここでは、Azureで利用できるもう1つの名前解決のサービスである「プライベートDNSゾーン」について説明します。

プライベートDNSゾーンは、Azure内部用の名前解決サービスで、仮想ネットワーク上の仮想マシンなどが利用するサービスです。たとえば、2つの仮想ネットワークが仮想ネットワークピアリングで接続されているとします。仮想ネットワークAのVM1から仮想ネットワークBのVM2に接続するには、仮想マシンがAzure内部で使用しているプライベートIPアドレスが必要です。そこでプライベートDNSゾーンを使用すると、仮想ネットワーク間の接続を仮想マシンの名前で行うことができます（図5.30）。

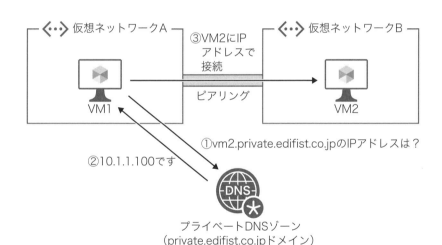

図5.30：プライベートDNSゾーンを使用した名前による接続例

HINT 仮想ネットワーク内の名前解決

Azureには、仮想ネットワーク内において名前解決を行ってくれるDNSサーバーが既定で用意されています。したがって、プライベートDNSゾーンなど名前解決の仕組みを用意しなくても、仮想ネットワーク内の仮想マシン間は名前で通信することができます。しかし、仮想ネットワークピアリングなどで仮想ネットワーク間を接続した場合は、名前での通信はできません。仮想ネットワーク間の通信も名前で行わせたい場合は、プライベートDNSゾーンなどのサービスを使用してください。

　プライベートDNSゾーンも前述したDNSゾーンと同様にマイクロソフトが管理
しているDNSサービスなので、DNSサーバーを構築、管理しなくても手軽に名前
解決ができます。

■ プライベートDNSゾーンの構成

　プライベートDNSゾーンの作成は、DNSゾーンと同様に最初にDNSドメインの
名前を指定してリソースを作成します（図5.31）。指定するドメイン名はAzure内
部で使用されるものなので、ドメインレジストラーで取得したドメイン名である
必要はありません。

図5.31：プライベートDNSゾーンの作成

　プライベートDNSゾーンを作成したら、次に作成したゾーンを名前解決が必要
な仮想ネットワークにリンクします。仮想ネットワークをプライベートDNSゾー
ンに紐づけないと、仮想ネットワーク内のリソースは名前解決の要求を送ること
はできません（図5.32）。

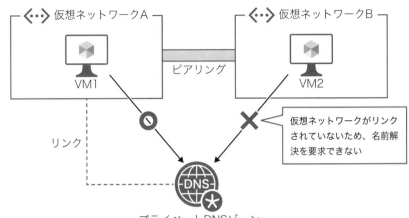

図5.32：仮想ネットワークリンク

　仮想ネットワークのリンクは、［仮想ネットワークリンクの追加］画面で仮想
ネットワークを選択します。また、仮想ネットワークと関連付ける際、自動登録
の設定を有効にしておけば、仮想ネットワーク内のリソースのレコードを自動的
に登録してくれるので便利です（図5.33）。

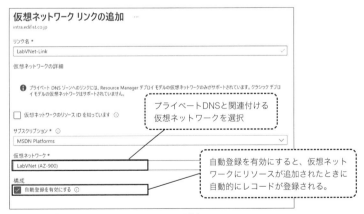

図5.33：仮想ネットワークリンクの追加

　自動登録を有効にすると仮想ネットワーク内のリソースのレコードが自動的に
登録されますが、手動でレコードを登録することもできます（図5.34）。DNS
ゾーンと同様に、AレコードやCNAMEレコード、MXレコードなどさまざまなレ

コードを登録できます。

図5.34：DNSレコードの作成

> プライベートDNSゾーンを有効にするためには、仮想ネットワークに関連付ける必要があ
> ります。

練習問題

問題 5-1

あなたの会社は、5つの仮想マシンをAzureにデプロイすることを計画しています。そのうち「VM1」とよばれる仮想マシンだけは、他の仮想マシンと通信できないようにしたいです。VM1をどのようにすれば、他の仮想マシンと通信できないようにできますか?

A. VM1を異なる仮想ネットワークにデプロイする。
B. VM1を異なるサブネットにデプロイする。
C. VM1を異なるリソースグループにデプロイする。
D. VM1は他の仮想マシンと異なるOSを選択する。

問題 5-2

オンプレミスネットワーク上のコンピューターが、Azure仮想マシンと通信できるように実装したいです。計画されたソリューションのために作成する必要のあるものを3つ選択してください。

A. 仮想ネットワークゲートウェイ
B. ロードバランサー
C. アプリケーションゲートウェイ
D. ゲートウェイサブネット
E. ローカルネットワークゲートウェイ

問題 5-3

会社のネットワークをAzureに拡張する計画があります。
会社のネットワーク上には、パブリックIPアドレスを使用するVPNアプライアンスが含まれています。
Azure上で、会社のVPNアプライアンスを定義するリソースを作成する必要があります。どのリソースを作成すればよいですか。次の図から正しいアイコンを選択してください。

🌐 DNS ゾーン	🕸 Traffic Manager プロファイル
◈ アプリケーション ゲートウェイ	◈ NAT ゲートウェイ
🗂 IP グループ	🗂 Firewall Manager
▦ ファイアウォール ポリシー	◉ ファイアウォール
⊗ 接続	◈ ローカル ネットワーク ゲートウェイ
🔒 仮想ネットワーク ゲートウェイ	◉ ルート サーバー
🛡 ネットワーク セキュリティ グループ (クラシック)	↔ 仮想ネットワーク (クラシック)
▦ 予約済み IP アドレス (クラシック)	🔲 負荷分散 - 選択に関するヘルプ

問題 5-4

contoso.comというAzure DNSゾーンを作成し、wwwというAレコードを登録しましたが、インターネット上で名前解決を行うことができません。どのようにすればインターネットから解決できるようになりますか?

A. Azure DNSゾーンにNSレコードを追加する。
B. Azure DNSゾーンにwwwのPTRレコードを追加する。
C. ドメインレジストラーのNSレコードを、Azure DNSゾーンのネームサーバーに変更する。
D. Azure DNSゾーンのSOAレコードを変更する。

問題 5-5

VNet1とVNet2という2つの仮想ネットワークがあります。
VNet1にはVM1という仮想マシンがあり、VNet2にはVM2という仮想マシンがあります。

あなたは、adatum.comという名前のプライベートDNSゾーンを構成しました。プライベートDNSゾーンはVNet1にリンクし、自動登録を有効にしました。また、wwwというAレコードを1件登録しました。

上記のとき、下記の説明が正しいときは「はい」を、間違っているときは「いいえ」を答えてください。

①VM1はwwwを名前解決できる
②VM2はwwwを名前解決できる
③VM1はadatum.comに自動登録される

練習問題の解答と解説

問題 5-1 正解 A　　　　　　　　　　　　　復習 5.1.1 「仮想ネットワークとサブネット」

　異なる仮想ネットワークに配置されている仮想マシン同士は、ピアリング等で仮想ネットワーク間を接続しない限りは通信できません。異なる仮想ネットワークに仮想マシンを配置すると通信ができない状態になるため、正解はAです。

問題 5-2 正解 A、D、E　　　　　　　　　復習 5.1.4 「オンプレミスネットワークとの接続」

　サイト間VPNの構成手順は、大まかに以下の4ステップです。

①仮想ネットワーク内に、専用のサブネットを構成する
②VPNゲートウェイを作成する
③ローカルネットワークゲートウェイを作成する
④VPNゲートウェイとローカルネットワークゲートウェイを接続する

　①で作成する専用サブネットの名前は「GatewaySubnet」という名前である必要があります。②のVPNゲートウェイは、仮想ネットワークゲートウェイで作成します。そして③でローカルネットワークゲートウェイを作成するため、正解はA、D、Eとなります。

問題 5-3 正解 以下の通り　　　　　　　　復習 5.1.4 「オンプレミスネットワークとの接続」

● DNS ゾーン	● Traffic Manager プロファイル
● アプリケーション ゲートウェイ	● NAT ゲートウェイ
● IP グループ	● Firewall Manager
● ファイアウォール ポリシー	● ファイアウォール
● 接続	□ ● ローカル ネットワーク ゲートウェイ
● 仮想ネットワーク ゲートウェイ	● ルート サーバー
● ネットワーク セキュリティ グループ (クラシック)	● 仮想ネットワーク (クラシック)
● 予約済み IP アドレス (クラシック)	● 負荷分散 - 選択に関するヘルプ

第5章

　サイト間VPNには、ローカルネットワークゲートウェイが必要です。ローカルネットワークゲートウェイには、Azure側から見て接続先相手となる、オンプレミスのVPNルーターやVPNアプライアンスの情報を定義します。よって、正解は「ローカルネットワークゲートウェイ」になります。

問題 5-4 **正解** C　　　　　　　　　　　　　　　　　　✎ 復習 5.2.1 「DNSゾーン」

　DNSゾーンはインターネットに公開されますが、ドメインレジストラー(インターネット側のＤＮＳサーバー)に、ＤＮＳゾーンをホストするＤＮＳサーバーのＮＳレコードを登録しないと、インターネット上のコンピューターから名前解決を行えるようになりません。なお、上位のDNSサーバーにNSレコードを登録する操作のことをDNSゾーンの「委任」といいます。

問題 5-5 **正解** ①はい　②いいえ　③はい　　✎ 復習 5.2.2 「プライベートDNSゾーン」

　プライベートDNSゾーンは作成後、仮想ネットワークに関連付ける必要があります。その際に、自動登録を有効にしておくことで、仮想ネットワーク内の仮想マシンなどのレコードが自動登録されます。

①VNet1にはプライベートDNSゾーンが関連付けられているため、VNet1上のVM1からはwwwレコードを名前解決することができます。
②VNet2にはプライベートDNSゾーンが関連付けられていないので、VNet2上のVM2からはwwwレコードを解決することはできません。
③VNet1のリンクで自動登録が有効になっているため、VNet1上のVM1のレコードは自動登録されます。

第 **6** 章

Azureのストレージサービス

この章では、Azureのストレージサービスやその管理ツール、ストレージに格納するデータの移行方法について解説します。

理解度チェック

- [ ] ストレージアカウントの容量
- [ ] ストレージアカウントのコスト
- [ ] ストレージアカウントのパフォーマンス
- [ ] ストレージアカウントの種類
- [ ] ストレージアカウントの冗長化オプション
- [ ] Azure BLOBの特徴

- [ ] Azure BLOBのアクセス層
- [ ] Azure Files（ファイル共有）の特徴
- [ ] サービスエンドポイント
- [ ] Azure File Sync
- [ ] Azure Migrate
- [ ] Azure Data Box

アクセスキー **u**

（小文字のユー）

6.1　ストレージアカウント

　ストレージとは、データを長期間記憶しておくための保存場所です。たとえば、私達の身近にあるPCには、HDD（Hard Disk Drive）やSSD（Solid State Drive）というストレージが内蔵されており、データの保存場所として機能しています。同様にAzureには、データを保存するためのさまざまなサービスが用意されています。ここでは、Azureの代表的なストレージサービスである「ストレージアカウント」について説明します。

6.1.1　ストレージアカウントとは

　ストレージアカウントとは、世界中のどこからでもHTTPまたはHTTPS経由でアクセスできるPaaSのストレージサービスです。ストレージアカウントには、非常に多くのデータを格納することができます。ここでは、ストレージアカウントの容量、料金、扱うことができるデータの種類について説明します。

■ ストレージアカウントの容量

　ストレージアカウントの既定の最大容量は5PiB（ペビバイト）で、非常に多くのデータを格納できます。保存できるデータの個数に制限はありません。容量を増やしたい場合は、Azureのサポート担当者に問い合わせて容量制限の引き上げを依頼することができます。

ここが
ポイント

ストレージアカウントの既定の最大容量は5PiB（ペビバイト）です。保存できるデータの個数に制限はありません。

■ ストレージアカウントの料金

　ストレージアカウントの料金は、多くの要素によって変動します。そのため、さまざまなことを考慮して作成、および使用する必要があります。たとえば、保存するデータ量に基づいてストレージ料金が発生したり、異なるリージョン間でデータをコピーする場合にもデータ転送料金が発生します（図6.1）。料金に関わる主な要素は次のとおりです（表6.1）。

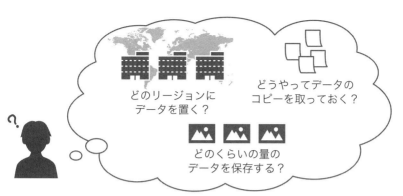

図6.1：ストレージアカウントの料金の考慮事項

料金に関わる要素	説明
リージョン	作成するリージョンによって料金が変動
ストレージアカウントのパフォーマンス	作成するストレージアカウントのパフォーマンス ・Standard（HDD） ・Premium（SSD） （詳細は「6.1.2 ストレージアカウントのパフォーマンス」で後述）
データストレージ料金	・格納するGB単位のデータ量 ・リソースが存在する時間単位の料金 ・ストレージアカウントの種類や使用するアクセス層の種類（アクセス層については「6.1.5 BLOBのアクセス層」で後述）
アクセス料金	格納したデータへのアクセス回数など（読み取り操作や書き込み操作）
冗長性	データの冗長化方法 （詳細は「6.1.3 ストレージアカウントの冗長化オプション」で後述）
データ転送料金	異なるリージョンにデータをコピーする場合の、GBあたりのデータ転送料金

表6.1：ストレージアカウントの料金に関連する項目

ここが
ポイント

ストレージアカウントは、作成するリージョンによって料金が異なります。

ストレージアカウントは、異なるリージョン間でデータをコピーする場合にデータ転送料金が発生します。

■ストレージアカウントに格納できるデータの種類

ストレージアカウントには、さまざまなストレージサービスが用意されており、サービスによって格納できるデータの種類が異なります。ここでは次の４つのストレージサービスについて解説します（図6.2）。

・Azure BLOB
・Azure Files（ファイル共有）
・Azure Queue
・Azure Table

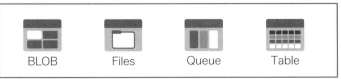

図6.2：ストレージアカウントのサービス

■Azure BLOB

Azure BLOB（ブロブ）は「BLOBデータ」を格納できるサービスです。BLOBとは「Binary Large OBject」の略で、大きなバイナリデータを指します。バイナリデータとは、いわゆるファイル形式のデータです。Azure BLOBは、大きなサイズの画像ファイルや動画ファイル、Excelファイル、PDFファイル、圧縮ファイルなどのデータを格納できます。また、Azure BLOBには仮想マシンで使用するディスクも格納できるようになっています。このように、Azure BLOBはさまざまなファイル形式の大きなデータを大量に格納できるサービスです（図6.3）。

ストレージアカウント

Azure BLOB

画像　　　動画　　　Word　　　PDF　　　zip

図6.3：Azure BLOBの格納データ

たとえば、画像を表示するWebアプリケーションを作成する場合、Azure BLOBに画像ファイルを格納しておき、WebアプリケーションからBLOBにアクセスして画像を読み取り、画面に表示するという使い方ができます。

参照　BLOBについては「6.1.4 BLOBコンテナー」でも解説します。

ここが
ポイント

Azure BLOBは画像や動画などの大きなファイルを格納するように最適化されたサービスです。

ここが
ポイント

Azure BLOBには仮想マシンのディスクを格納できます。

> **注意**
>
> 本書執筆時点で、仮想マシンのディスクをAzure BLOBに格納する方法は、廃止予定と発表されており非推奨となっています。仮想マシンのディスクは、ストレージアカウントではなく「マネージドディスク」を使用するようにしてください。マネージドディスクは内部的にはBLOBを使用しますが、ユーザー側でストレージアカウントの管理を行う必要がなく、「ディスク」リソースとして管理できます。マネージドディスクの詳細は、次のマイクロソフトの公式ドキュメントを参照してください。
>
> 「Azureマネージドディスクの概要」
> https://learn.microsoft.com/ja-jp/azure/virtual-machines/managed-disks-overview

■ Azure Files（ファイル共有）

　Azure Filesは「ファイル共有サービス」です。オンプレミスのファイルサーバーのように共有フォルダーを作成し、共有したいファイルを格納することができます。従来は、ファイルを共有するためにオンプレミスのファイルサーバーを利用するのが一般的でしたが、Azure Filesにファイル共有を作成すると、インターネット経由でどこからでもAzure上の共有フォルダーにアクセスすることができます（図6.4）。ストレージアカウントはPaaSのサービスであるため、ハードウェアの保守やバックアップ等は不要で、ファイルサーバーと比較すると大幅に管理コストを削減できます。

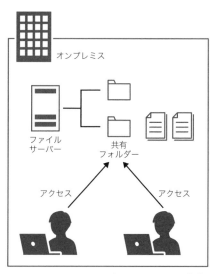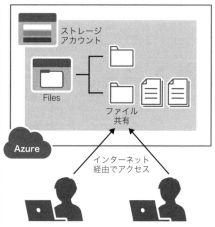

図6.4：Azure Filesによるファイルの共有

 ファイル共有については「6.1.6 Azure Files（ファイル共有）」でも解説します。

■ Azure Queue

　Azure Queue（キュー）は、主にアプリケーション開発で使用するサービスです。メッセージング処理を提供し、「メッセージ」という形で送信されたデータを一時的に格納しておき、メッセージを次のサービスに渡します。たとえば、複数のアプリケーションでデータをやり取りする際に、アプリケーションの間にQueueを挟みます。そうすることで、データを送る側のアプリケーションが生成したデータを一時的にQueueが受け取って格納しておき、データを受け取る側のアプリケーションの負荷が高くない時にQueueからデータを取得して処理できます（図6.5）。Queueを使用すると、アプリケーションの負荷を軽減しながら、アプリケーション間で信頼されたメッセージ（データ）のやり取りを行えます。

第

6

章

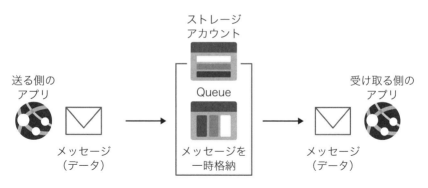

図6.5：Azure Queueによる非同期なデータの受け渡し

ここが
ポイント

Azure Queueを使用すると、アプリケーション間で信頼されたメッセージ（データ）のやり取りを行うことができます。

Azure Table

Azure Tableとは、「テーブル形式（表形式）」でデータを格納できるサービスです。なじみがない方はExcelの表を思い浮かべてみてください。表形式のテーブルに「値（データ）」を保存する際に、「キー」を紐づけて格納します（図6.6）。データを呼び出すときは、キーを指定して値を取り出します。一般的なデータベースよりもシンプルな仕組みのため、データを分散して格納したり高速にアクセスできます。

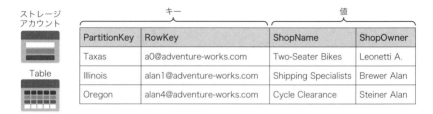

PartitionKey	RowKey	ShopName	ShopOwner
Taxas	a0@adventure-works.com	Two-Seater Bikes	Leonetti A.
Illinois	alan1@adventure-works.com	Shipping Specialists	Brewer Alan
Oregon	alan4@adventure-works.com	Cycle Clearance	Steiner Alan

図6.6：Azure Tableのデータ

HINT **Azureのデータストアサービス**

Azureには、ストレージアカウント以外にもデータを格納できるサービスが複数用意されています。代表的なサービスとして、Azure SQL DatabaseやAzure Cosmos DBなどあります。

・Azure SQL Database
Azure SQL Databaseは第1章「1.2.2 PaaS (Platform as a Service)」で解説したように、マイクロソフトが開発および提供しているオンプレミスの「Microsoft SQL Server」をクラウド上で利用することができるサービスです。主に「行」と「列」で構成された表形式のデータを構造的に格納し、SQLという言語でデータを検索します。
SQL Serverにデータベースを作成するには、Microsoft SQL Serverがインストールされているサーバーが必要です。しかしAzure SQL Databaseは、SQL Serverを用意することなく、Azure上にデータベースを作成することができます。Azure SQL Databaseを使用するメリットは、PaaSであるため管理負荷が低く、内部的に使用されている仮想マシンの更新や定期メンテナンス、データのバックアップなどはマイクロソフト側で自動的に行ってくれることです。

・Azure Cosmos DB
Azure Cosmos DBもPaaSのデータベースサービスです。Azure Cosmos DBは柔軟な半構造化データ（JSON形式やキーと値形式）などを格納し、世界中のリージョンにデータを分散して配置できます。そのため、Azure Cosmos DBを使用するアプリケーションを展開している場合、ユーザーに近い場所にアプリケーションとデータを置いてシステムの応答速度を上げることができます。
Azure SQL Databaseと同様に、内部的な仮想マシンの更新、定期メンテナンス、データのバックアップなどが自動的に行われるため、管理コストを抑えることができます。

6.1.2 ストレージアカウントのパフォーマンスと種類

ストレージアカウントを作成する際は、「パフォーマンス」と「種類」を選択します。選択するオプションによって、データの読み書きのパフォーマンスや、格納できるデータの種類などが異なります。

■ストレージアカウントのパフォーマンス

ストレージアカウントを作成する際に選択できるパフォーマンスは、次の2種類です。

・Standard
・Premium

　StandardはHDD、PremiumはSSDが内部的に使用されており、Premiumの方が高速にデータを読み書きできます。

　また、選択するパフォーマンスの種類によって料金も異なります。Premiumを選択するとハイパフォーマンスが得られる反面、Standardよりも高いコストが発生します。

■ ストレージアカウントの種類

　ストレージアカウントには、以下の4つの種類があります。

・Standard 汎用v2
・PremiumブロックBLOB
・Premiumファイル共有
・PremiumページBLOB

　Standardのパフォーマンスを選択すると、自動的に「Standard 汎用v2」のストレージアカウントが作成されます。Standard 汎用v2のストレージアカウントは、BLOB、Files、Table、Queueの4つのストレージサービスが利用できます。

　またPremiumのパフォーマンスを選択すると、ストレージアカウントの種類として、「PremiumブロックBLOB」「Premiumファイル共有」「PremiumページBLOB」の3種類から選択できます。ストレージアカウントの4つの種類の特徴は、次の表の通りです（表6.2）。

ストレージアカウントの種類	特徴
Standard 汎用v2	・汎用的に使用でき、ほとんどのシナリオに推奨される ・BLOB、Files、Queue、Tableを使用できる
PremiumブロックBLOB	・BLOBデータ専用 ・大量のBLOBデータを効率的にアップロードするために最適化されている ・バックアップデータやファイルの格納に適している
Premiumファイル共有	・ファイル共有専用 ・Linux OSなどでファイル共有を行うためのネットワークファイルシステム（NFS）プロトコルをサポート
PremiumページBLOB	・仮想マシンのディスクの格納場所として使用される

表6.2：ストレージアカウントの種類と特徴

> **！注意**
>
> **PremiumページBLOBの利用について**
> PremiumページBLOBは、仮想マシンのディスクの格納場所として用意されていますが、現在はアンマネージドディスク（ストレージアカウントに格納されている仮想マシンのディスク）の使用が廃止されることがアナウンスされており、非推奨となっています。したがって、仮想マシンのディスクはPremiumページBLOBに格納せず、マネージドディスクを使用することをお勧めします。

> **ここが**
> **ポイント**
>
> Standard 汎用v2ストレージアカウントは、保存されたデータ量やデータへのアクセスに対する料金が発生します。

> **ここが**
> **ポイント**
>
> Premiumのパフォーマンスを選択すると、ストレージアカウントの種類は「PremiumブロックBLOB」「Premiumファイル共有」「PremiumページBLOB」の3種類を選択できます。

6.1.3 ストレージアカウントの冗長化オプション

　ストレージアカウントには、冗長化の方法が複数用意されています。冗長化とは、システムに何らかの障害が発生した際に備えて、システムがなるべく停止しないように予備を用意しておくことです。ストレージアカウントは、格納したデータのレプリカ（コピー）を用意しておくことで、1つのデータが何らかの障害によって破損した場合でも、コピーされているデータによって引き続きシステムを運用することができます（図6.7）。

第6章

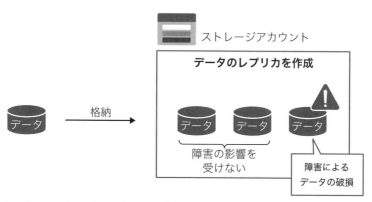

図6.7：ストレージアカウントに格納したデータの冗長化

　ストレージアカウントは最低でも3つのレプリカを自動的に保持する仕組みになっており、冗長化オプションを次の6種類から選択できます。

- ・ローカル冗長ストレージ（LRS）
- ・ゾーン冗長ストレージ（ZRS）
- ・ジオ冗長ストレージ（GRS）
- ・ジオゾーン冗長ストレージ（GZRS）
- ・読み取りアクセスジオ冗長ストレージ（RA-GRS）
- ・読み取りアクセスジオゾーン冗長ストレージ（RA-GZRS）

ここが
ポイント

ストレージアカウントにデータを格納すると、最低でも3つのレプリカが自動的に保持されます。

■ローカル冗長ストレージ（LRS）

　LRSは、「リージョン内の1つのデータセンター」に3つのデータのコピーを保持します。たとえば、西日本リージョンにLRSでストレージアカウントを構成すると、西日本リージョン内の1つのデータセンターに3つのデータコピーが作成されます（図6.8）。

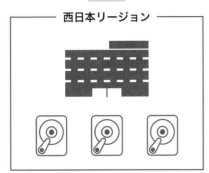

…レプリカ

リージョン内の1つのデータセンターに3つのレプリカを作成

図6.8：LRS構成時の冗長化

　LRSは最もコストがかかりませんが、1番冗長性の低いオプションです。たとえば、データセンターレベルで火災や洪水などの災害などが起こった場合は、すべてのデータが破損してしまう可能性があります。データセンターレベルの障害に備えるためには、LRS以外のオプションを選択します。

ここが
ポイント

> LRSの冗長化オプションを選択すると、1つのデータセンターに3つのデータのコピーが保持されます。

■ ゾーン冗長ストレージ（ZRS）

　ZRSは、1つのリージョンに3つのデータセンター（ゾーン）があるような一部のリージョンで選択可能なオプションです。東日本リージョンなどの大きなリージョンでは、データセンターが3つあるためZRSを選択することができます。ZRSを選択すると、ストレージアカウントに格納したデータのコピーを、「1つのリージョン」の「3つのデータセンター（ゾーン）」に1つずつ分散して配置できます（図6.9）。

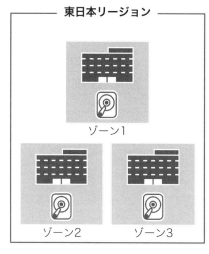

…レプリカ

1つのリージョンの
3つのゾーンに
1つずつレプリカを作成

図6.9：ZRS構成時の冗長化

　そのため、1つのデータセンター（ゾーン）で障害が発生したとしても、すべてのデータが破損したり、データに対する操作が行えなくなることはありません。ただし、リージョン全体で災害などによる障害が起こった場合には、すべてのデータに影響が出る可能性があります。リージョンレベルの障害に備えるためには、さらに上位のオプションを選択します。

注意

Azureでは、ZRSを使用できないリージョンがあります。規模の大きいリージョン（東日本や米国東部など）はリージョン内にデータセンターが3つ存在しますが、規模の小さいリージョン（西日本や韓国南部など）にはデータセンターが3つ存在しないため、ZRSを選択することができません。ZRSを使用したい場合は、サポートしているリージョンを選択するようにしてください。

■ ジオ冗長ストレージ（GRS）とジオゾーン冗長ストレージ（GZRS）

　頭に「ジオ」が付くGRSとGZRSは、「リージョンレベルの障害」に備えることができます。ジオは「地理」という意味で、別のリージョンにレプリカを作成します。主となるリージョンを「プライマリ」、サブのリージョンを「セカンダリ」といい、セカンダリにも3つのレプリカを作成するため、合計6つのレプリカを

保持できます（図6.10）。

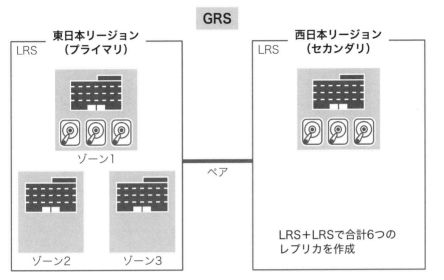

図6.10：GRS構成時の冗長化

　一方GZRSは、プライマリリージョンが「ZRS」構成、セカンダリリージョンが「LRS」構成で合計6つのレプリカを保持します（図6.11）。

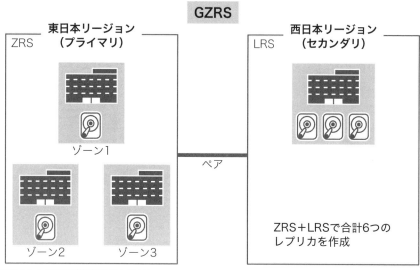

図6.11：GZRS構成時の冗長化

　セカンダリリージョンの場所は自由に選択できるわけではなく、「リージョンペア」として構成されているリージョンにレプリカが作成されます。リージョンペアは「東日本のペアは西日本」、「米国西部のペアは米国東部」というようにあらかじめ決められています。GRSまたはGZRSを選択することで、ペアとなるリージョンにもレプリカが保持され、リージョンレベルの障害にも対応できます。

別のリージョンにレプリカを保持するには、GRSまたはGZRSを選択します。

リージョンペアについての詳細は、第2章「2.1.2 リージョンペアとは」を参照してください。

■読み取りアクセスジオ冗長ストレージ（RA-GRS）と読み取りアクセスジオゾーン冗長ストレージ（RA-GZRS）

前述したGRSとGZRSは2つのリージョンにデータのレプリカを保持しますが、セカンダリリージョンにあるデータにユーザーやアプリケーションがアクセスすることはできません（図6.12）。セカンダリリージョンのデータにアクセスするには、セカンダリリージョンに接続を切り替える「フェールオーバー」という操作が必要になります。

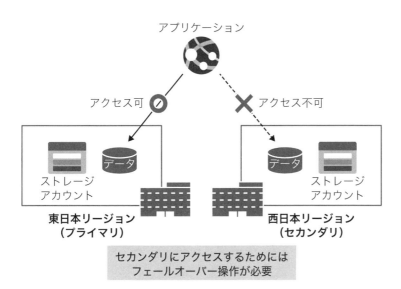

図6.12：アプリケーションからのアクセス

　しかし、アプリケーションの冗長化構成を行っており、プライマリリージョンとセカンダリリージョンのそれぞれのデータにアクセスさせたい場合は、セカンダリリージョンを「読み取りアクセス可能」な状態にすることができます。この構成は、ストレージアカウントの冗長化オプションで「RA-GRS」または「RA-GZRS」を選択することによって実現できます。頭に「RA」と付いているのは「Read Access（読み取りアクセス）」という意味です。

　たとえば、東日本リージョンにプライマリのApp Serviceとストレージアカウントのデータを配置し、西日本リージョンにもセカンダリのApp Serviceとストレージアカウントのデータを配置しているとします。東日本ではアプリケーションからデータの読み取り操作と書き込み操作を行い、西日本では読み取り操作の

みを行うように構成できます（図6.13）。

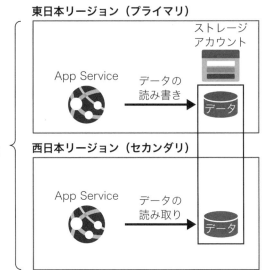

図6.13：リージョンをまたいだ冗長化の構成

　RA-GRSやRA-GZRSを選択すると、前述したGRSとGZRSのセカンダリリージョン側にもURLが割り当てられ、読み取りアクセスができるようになります（図6.14、図6.15）。

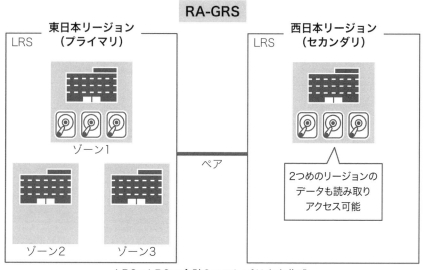

LRS+LRSで合計6つのレプリカを作成

図6.14：RA-GRS構成時の冗長化

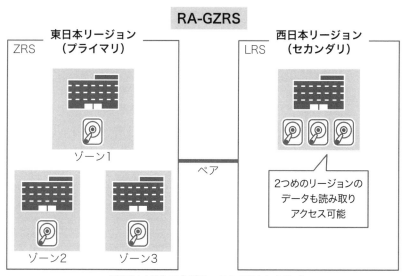

ZRS+LRSで合計6つのレプリカを作成

図6.15：RA-GZRS構成時の冗長化

第6章

■冗長化オプションの冗長性の度合いと料金

ストレージアカウントの冗長性はLRSが一番低く、LRS→ZRS→GRS→GZRS→RA-GRS→RA-GZRSの順番に高くなります。冗長性が高くなると、その分料金も高くなります。システムを構築する際は、レプリカを保持したい場所の要件に合わせて冗長化オプションを選択してください。

> ストレージアカウントの冗長化オプションは、LRS→ZRS→GRS→GZRS→RA-GRS→RA-GZRSの順番で冗長性が高くなります。

■ストレージアカウントの種類による冗長化の選択肢

冗長化オプションには、ストレージアカウントの種類によって使用できるオプションと使用できないオプションがあります。ストレージアカウントの種類がStandard 汎用v2の場合は、すべての冗長化オプションをサポートしていますが、Premium（ブロックBLOB、ファイル共有、ページBLOB）の場合は、LRSとZRSのみサポートしています。

> PremiumブロックBLOBストレージアカウントは、LRSとZRSをサポートしています。

6.1.4 BLOBコンテナー

ストレージアカウントのAzure BLOBの概要について、「6.1.1　ストレージアカウントとは」で説明しました。ここでは、Azure BLOBの使用方法について説明します。

■BLOBコンテナーの作成

Azure BLOBを使用するには、ストレージアカウントで「コンテナー」を作成します。コンテナーとは、第4章「4.1.4 コンテナーサービス」で説明したコンテナーとは別物で、BLOBデータを入れておくための領域のことを指します。Azure BLOBのコンテナーは「BLOBコンテナー」と呼ばれます。

BLOBコンテナーを作成するには、ストレージアカウントの［コンテナー］画面で［＋コンテナー］をクリックします（図6.16）。表示された［新しいコンテナー］画面で、コンテナー名を入力して［作成］ボタンをクリックすると、BLOBコンテナーが作成されます。

図6.16：BLOBコンテナーの作成

作成したBLOBコンテナーにファイルをアップロードする場合は、コンテナーの画面で［アップロード］をクリックし、ファイルをアップロードします（図6.17）。

図6.17：BLOBのアップロード

BLOBコンテナーにファイルをアップロードすると、図6.18のように表示されます。BLOBコンテナー内のファイルのことを「BLOB」または「BLOBオブジェクト」と呼びます。

図6.18：BLOBのアップロード完了画面

このように、Azure BLOBを使用する際はBLOBコンテナーを作成し、コンテナー内にBLOBを格納します。

6.1.5 BLOBのアクセス層

Azure BLOBの料金は、主に「アクセスコスト」と「ストレージコスト」に基づいて発生します。アクセスコストはデータの読み取りや書き込みをする際に発生する料金で、ストレージコストは格納したデータのGB量単位の料金です。また、コストに関わる概念として「アクセス層」があります。アクセス層は複数の種類が用意されており、どのアクセス層にデータを格納するかによって料金が変動します。ストレージアカウントでアクセス層の概念があるのは、Standard 汎用v2のAzure BLOBの み で、StandardのAzure Files、Azure Queue、Azure TableやPremiumのストレージアカウントにはありません。

アクセス層を使用するのは、Standard 汎用v2のAzure BLOBのみです。

アクセス層の種類は以下の3つがあり、使用するアクセス層によってアクセスコストとストレージコストが変動します（表6.3）。

・ホットアクセス層
・クールアクセス層
・アーカイブアクセス層

アクセス層の種類	アクセスコスト	ストレージコスト
ホット層	最も安い	最も高い
クール層	ホット層より高くアーカイブ層より安い	ホット層より安くアーカイブ層より高い
アーカイブ層	最も高い	最も安い

表6.3：アクセス層の種類とコストの比較

Azure BLOBのアクセス層は、ホット、クール、アーカイブの3種類から選択できます。

■ ホットアクセス層

　ホットアクセス層は、アクセスコストが最も低いため、アプリケーションなどから頻繁に読み取りや書き込みが行われるデータの保存に最適です。格納したデータは、即座にアクセスできる「オンラインアクセス層」とよばれるところに保管されます。ホットアクセス層を使用すると、ストレージコストは最も高くアクセスコストは最も低くなります（図6.19）。

ホット層

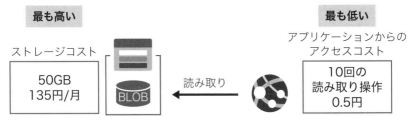

図6.19：ホットアクセス層の料金の例

ここが
ポイント

頻繁に読み取りや書き込みが行われるデータの格納に最適なアクセス層は、ホットアクセス層です。

注意

図6.19の書かれている料金は、あくまでもイメージしていただくための例です。実際の料金についての詳細は、次のサイトを参照してください。

「Azure Blob Storageの価格」
https://azure.microsoft.com/ja-jp/pricing/details/storage/blobs/

■ クールアクセス層

　クールアクセス層は、短期バックアップデータなどの読み取りや変更の頻度が低いデータの保存に最適です。ホットアクセス層に比べて、ストレージコストが低く、アクセスコストが高いため、最低30日間はアクセスせずに置いておくデータの保存に推奨されます（図6.20）。クールアクセス層も、格納しているデータに即座にアクセスできる「オンラインアクセス層」と呼ばれるところに保管されます。

クール層

ホット層に
比べて低い

ホット層に
比べて高い

短期バックアップデータ
アクセスコスト

ストレージコスト

| 50GB 70円/月 | ← 読み取り | | 1回の 読み取り操作 1.5円 |

図6.20：クール層の料金の例

> **注意**
>
> クールアクセス層は、取得するデータに対するGB単位のデータ取得料が別途発生します。また、30日が経過する前にデータを削除または異なる層に移動した場合、早期削除料金が発生します。

■ アーカイブアクセス層

アーカイブアクセス層は、めったにアクセスしない長期バックアップデータや監査用データなどの保存に最適です。ストレージコストは最も低く、アクセスコストは最も高いため、最低180日間はアクセスせずに保存するデータの保存に推奨されます（図6.21）。格納したデータは「オフラインアクセス層」と呼ばれるところに保管され、データを取得する際には数時間の待ち時間が必要となります。

アーカイブ層

最も低い

最も高い

長期バックアップデータ
アクセスコスト

ストレージコスト

| 50GB 13円/月 | ← 読み取り | | 1回の 読み取り操作 950円 |

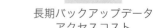
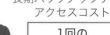

図6.21：アーカイブ層の料金の例

BLOBデータがアーカイブアクセス層にある間は、読み取り操作や書き込み操作ができません。アーカイブアクセス層にあるBLOBデータにアクセスする場合には、ホットアクセス層またはクールアクセス層のオンライン層に移動させる必

要があります。このことを「リハイドレート」といいます。

> **⚠ 注意**
>
> アーカイブアクセス層は、取得するデータに対するGB単位のデータ取得料が別途発生します。また、180日が経過する前にデータを削除または異なる層に移動した場合、早期削除料金が発生します。

> **💡 HINT　コールドアクセス層**
>
> 本書執筆時に、新しいアクセス層の種類である「コールドアクセス層」が発表されました。コールドアクセス層は現時点でプレビューであるため、解説は割愛します。詳細は、次のマイクロソフトの公式ドキュメントを参照してください。
>
> 「BLOB データのアクセス層」
> https://learn.microsoft.com/ja-jp/azure/storage/blobs/access-tiers-overview

ここがポイント

アーカイブアクセス層にBLOBを格納する場合、ストレージコストは最も低くなります。

ここがポイント

アーカイブアクセス層は長期バックアップデータの格納に最適です。

ここがポイント

アーカイブアクセス層のデータにアクセスする場合は、リハイドレートする必要があります。

■ アクセス層の設定

　アクセス層は、ストレージアカウントもしくはBLOB単位で設定できます。ストレージアカウントで構成する際は、「ホット」または「クール」から選択することができ、選択した層がストレージアカウントの既定のアクセス層になります（図6.22）。アクセス層はストレージアカウントを作成する際に設定し、後から変更することが可能です。

図6.22：ストレージアカウントのアクセス層選択画面

ストレージアカウントレベルで設定できるアクセス層はホットとクールです。

ストレージアカウントレベルで設定したアクセス層は後から変更できます。

　また、BLOB単位でアクセス層を設定する際は、ホット、クール、アーカイブを指定できます。BLOBをアップロードした後でアクセス層を変更することも可能です（図6.23）。

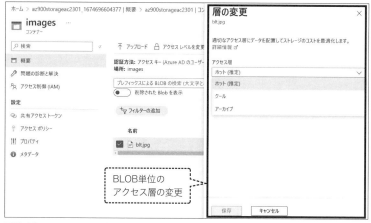

図6.23：BLOBのアクセス層の変更画面

ストレージアカウントレベルでアクセス層を変更した場合は、すべてのBLOBに変更後の層が適用されます。BLOBごとに層を設定したい場合は、BLOB単位で層の変更操作を行います。

● BLOBのライフサイクル管理ポリシー

　BLOBを適切なアクセス層に格納することによって、コストを最適化できますが、適切な層への変更を人力で行うのは大変です。たとえばBLOBデータが30000個あった場合、30000個のデータがいつアクセスされたかを人力で管理し、経過した日数に合わせてそれぞれのアクセス層を変更するとなると、管理をする人件費の方が多くかかる可能性があります。

　ストレージアカウントには「ライフサイクル管理ポリシー」という機能があり、BLOBのライフサイクルのルールをあらかじめ設定しておくことによって、自動的にアクセス層の変更やデータの削除を行うことができます。たとえば、BLOBが30日間更新されていない場合はクール層に移動し、180日間更新されていない場合はアーカイブ層に移動するという自動化のルールを構成できます（図6.24）。

　このように、BLOBの最終更新日時などをもとにルールを設定しておくことで、BLOBを自動的に適切なアクセス層に保存し、コストを削減することができます。

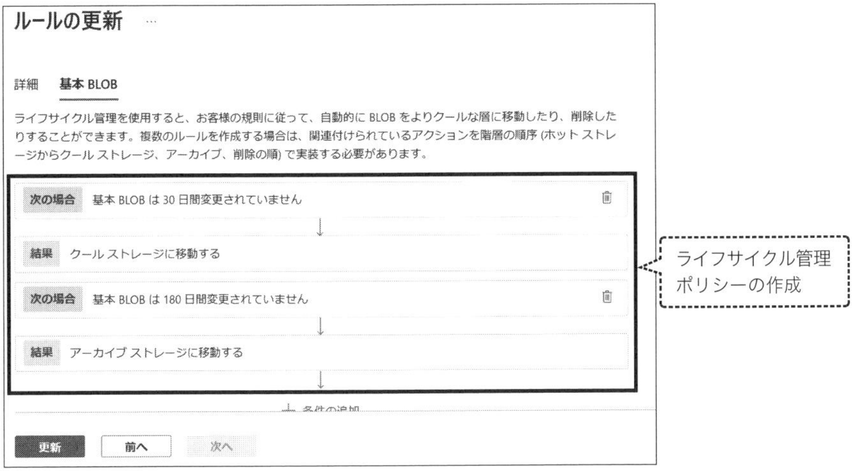

図6.24：BLOBのライフサイクル管理ポリシーの設定画面

6.1.6　Azure Files（ファイル共有）

　ストレージアカウントのファイル共有について「6.1.1 ストレージアカウント とは」で説明しました。ここでは、ファイル共有の使用方法について説明します。

■ファイル共有の作成

　ファイル共有を作成するには、ストレージアカウントの［ファイル共有］画面 で［＋ファイル共有］をクリックします（図6.25）。表示された［新しいファイ ル共有］画面で、名前を入力して［作成］ボタンをクリックすると、ファイル共 有が作成されます。ここでは「fileshare」という名前のファイル共有を作成して います。

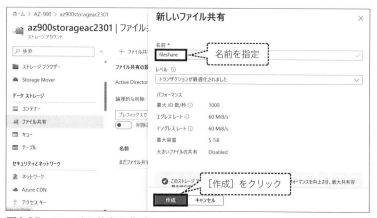

図6.25：ファイル共有の作成

■ ファイル共有への接続

　作成したファイル共有には、「ネットワークドライブの割り当て」を行うことができます。ネットワークドライブの割り当てを行うと、ファイル共有にZドライブなどのドライブレターが割り当てられ、ユーザーはあたかもローカルディスク（CドライブやDドライブ）にアクセスしているかのように、Azure上のファイル共有にアクセスできます（図6.26）。ネットワークドライブを割り当てるドライブレターは、通常ZドライブやXドライブなど、後ろのアルファベットのドライブレターが使用されます。

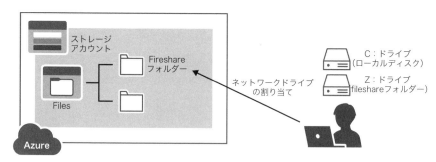

図6.26：Azure Filesへのネットワークの割り当てストレージアカウントのアクセス制御

　ファイル共有にネットワークドライブの割り当てを行うには、ファイル共有画面で［接続］をクリックします。すると、このファイル共有に接続するための

PowerShellのスクリプトが表示されるので、スクリプト全体をコピーします（図6.27）。ここでは、作成した「fileshare」ファイル共有にZドライブを指定し、表示されたスクリプトをコピーしています。

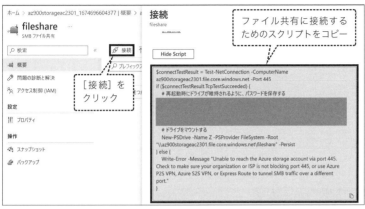

図6.27：ファイル共有の接続

そして、ファイル共有に接続したいコンピューターでPowerShellを起動し、コピーしたスクリプトを貼り付けて実行します。すると、実行したコンピューターにネットワークドライブの割り当てが行われたZドライブが表示されます（図6.28）。

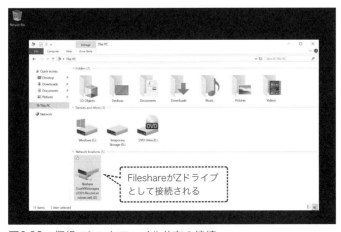

図6.28：仮想マシンとファイル共有の接続

　試しにZドライブに「sample-text.txt」というテキストファイルを作成してみます（図6.29）。

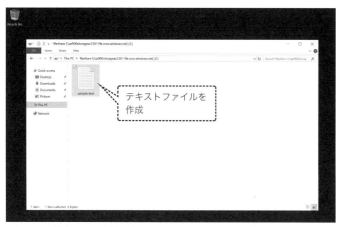

図6.29：共有フォルダー内にテキストファイルを作成

　Azure側で確認すると、ファイル共有のfileshareにも「sample-text.txt」というファイルが確認できます（図6.30）。

図6.30：ファイル共有側で共有したファイルの確認

　このように、ストレージアカウントのファイル共有は、オンプレミスのファイルサーバーであるかのように共有フォルダーを作成し、他のコンピューターからネットワークドライブの割り当てなどを使用してアクセスできます。

Azureのファイル共有を作成するには、ストレージアカウントの画面から「ファイル共有」をクリックして作成します。

ストレージアカウントを作成し、Windows OSを実行するコンピューターからネットワークドライブとして接続するには、ファイル共有を使用します。

HINT ファイル共有をサポートするOS

本書ではWindows OSを接続先として例にしましたが、LinuxやmacOSでも使用できます。

6.1.7 サービスエンドポイント

　ストレージアカウントは、「アクセスキー」などの接続に必要な情報を知っていれば、誰でもインターネット経由でアクセスできます。しかし、ストレージアカウントには大事なビジネスデータが格納されていることが多いため、セキュリティ面を考慮し、「Azureの特定の仮想ネットワーク内のリソースからのみアクセスさせたい」という要件もあります（図6.31）。その場合、インターネット経由でどこからでもアクセスできてしまわないように、ネットワークの通信を制限する必要があります。

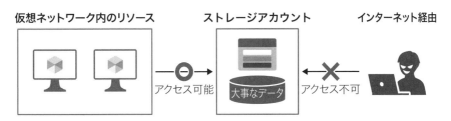

図6.31：ストレージアカウントのアクセス制御

　「サービスエンドポイント」を使用すると、仮想ネットワークとストレージアカウントを接続し、その仮想ネットワークにあるリソースからのみストレージアカウントへの通信を許可することができます。たとえば、VNet1仮想ネットワークにSubnet1というサブネットがあり、そのサブネットにはVM1という仮想マシンが存在するとします。ストレージアカウントでは、Subnet1からのみアクセスを受け付けるサービスエンドポイントが有効になっています。このように構成すると、そのストレージアカウントには、サービスエンドポイントが構成されているSubnet1内のリソースからのみ接続を受け付けるようになります。そして、インターネットなどその他のネットワークからは、ストレージアカウントにはアクセスできません（図6.32）。

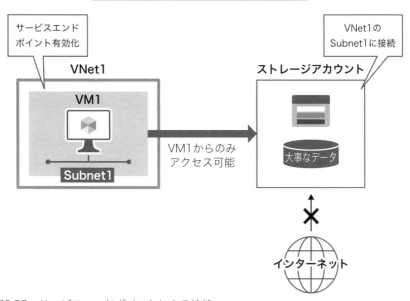

図6.32：サービスエンドポイントによる接続

　このように、サービスエンドポイントを使用すると、仮想ネットワークからストレージアカウントへの通信はインターネットを経由せず、マイクロソフトが所有するAzureのバックボーンネットワークを経由するため、安全にアクセスできます。

ポイント

仮想ネットワークからストレージアカウントへの通信がインターネットを経由しないよう
にするには、サービスエンドポイントを使用します。

6.2 ストレージ管理に使用できるツール

ここでは、ストレージアカウントの管理操作で使用する以下の3つのツールに
ついて解説します。

- Azure Storage Explorer
- AzCopy
- Azure File Sync

6.2.1 Azure Storage Explorer

Azure Storage Explorerは、ストレージアカウントのデータをGUIで簡単に操
作するためのアプリケーションです。Windows、Linux、macOSに無償でインス
トールして使用できます。

HINT Azure Storage Explorerのインストール

Azure Storage ExplorerをサポートしているOSやインストール方法についての詳細は、
次のマイクロソフトの公式ドキュメントを参照してください。

「Storage Explorerの概要」
https://learn.microsoft.com/ja-jp/azure/vs-azure-tools-storage-manage-with-
storage-explorer?tabs=windows

インストール完了後、Azure Storage Explorerを起動します（図6.33）。

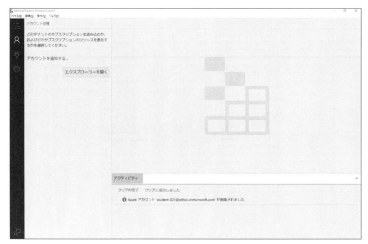

図6.33：Azure Storage Explorerの起動画面

　サブスクリプション配下にあるストレージアカウントに接続するには、最初に適切な権限を持つユーザーでサインインします（図6.34）。

図6.34：Azureへのサインイン画面

　サインインが完了し、サブスクリプション配下に存在するストレージアカウントリソースが一覧化されます（図6.35）。

図6.35：Azure Storage Explorerのリソース一覧画面

「az900storageac2301」のストレージアカウントを確認します。BLOB Containersの配下にある「images」コンテナーをクリックすると、imagesコンテナー内にある「blt.jpg」が存在することが確認できます（図6.36）。

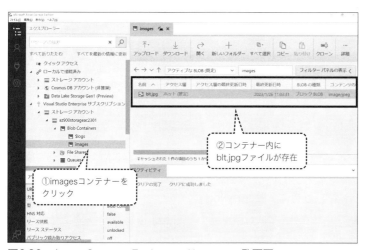

図6.36：Azure Storage Explorerのリソース一覧画面

Azure Storage Explorerを使用すると、サブスクリプション配下のストレージアカウントやその中のデータにアクセスし、データのアップロードやダウンロー

ド、削除などの管理操作を直感的に行うことができます。

HINT Azure Storage Explorerがサポートする認証方法

ここではAzure AD（Microsoft Entra ID）認証でAzure Storage Explorerにアクセスする方法を説明しましたが、他にもアクセスキー、SAS URL、接続文字列などを使用してアクセスすることもできます。

6.2.2 AzCopy

AzCopyは、ストレージアカウントにデータをコピーするためのコマンドラインツールです。AzCopyは、ストレージアカウント間や、オンプレミス、そして他のクラウドサービスからもデータのコピーを行えます。AzCopyは、Windows、Linux、macOSに無償でインストールできます。

HINT AzCopyのインストール

AzCopyのインストール方法についての詳細は、次のマイクロソフトの公式ドキュメントを参照してください。

「AzCopyを使ってみる」
https://learn.microsoft.com/ja-jp/azure/storage/common/storage-use-azcopy-v10

AzCopyコマンドをインストールすると、AzCopyコマンドによる操作が行えるようになります。Azcopyコマンドを使用して、ストレージアカウントにファイルをコピーするには、最初に「azcopy login」コマンドを実行してサインインします（図6.37）。

図6.37：azcopy loginの実行

すると、ブラウザーの認証画面が開くのでサインインします（図6.38）。

図6.38：AzCopyサインイン画面

試しに、ローカルPCのCドライブにある「Images」フォルダー配下の画像ファイル（図6.39）を、ストレージアカウントの「images」コンテナーにコピーしてみます。

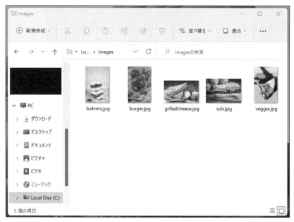

図6.39：ローカルPCのImagesフォルダー配下の画像ファイル

「azcopy copy "C:\Images*" "https://az900storageac2301.blob.core.windows.net/images" --recursive=true」コマンドを実行します（図6.40）。

図6.40：azcopy copyの実行

ストレージアカウントのimagesコンテナー内に、5つの画像ファイルが追加されます（図6.41）。

図6.41：imagesコンテナーへのコピー結果

　このように、AzCopyはコマンドを使用して複数のデータをまとめてコピーできます。また、スケジュールされたタスクを作成しておくことで、夜中にオンプレミスの環境からAzure上にまとめてデータを同期するという使い方もできます。

6.2.3 ## Azure File Sync

　Azure File Syncは、Azure FilesとオンプレミスのWindowsファイルサーバー上の共有フォルダーを同期し、Azure Files上で組織のファイル共有を一元管理できるサービスです。前述したように、Azureのファイル共有を使用する場合、オンプレミスのユーザーはインターネット経由でAzure上のファイル共有にアクセスすることになります。Azure File Syncを使用すると、ファイルコンテンツはクラウド側に格納されますが、オンプレミスのファイルサーバーにファイルのキャッシュを置くことができます。ユーザーはオンプレミス側のキャッシュにアクセスすることにより、高速にファイル共有のデータにアクセスできます（図6.42）。

　そしてユーザーがキャッシュを更新した場合は、Azure File Syncの同期機能により、Azureのファイル共有に変更内容が同期されます。Azure File Syncの同期機能は、双方向に働くためストレージアカウントのファイル共有側で行った更新もキャッシュに反映します。

　Azure File Syncを使用すると、ユーザーがアクセスするデータのみをオンプレ

ミスにキャッシュすればいいため、オンプレミスのファイルサーバーのコストを
削減しながらファイル共有を運用できます。

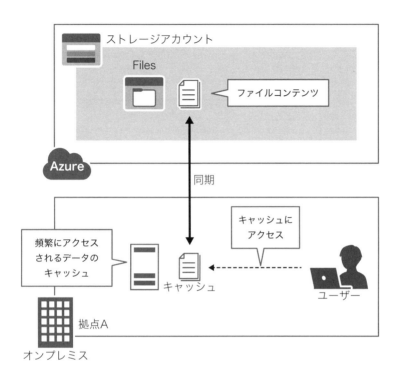

図6.42：Azure File Syncの概要

　また、Azure File Syncは「マルチサイトアクセス」の構成が可能です。マルチ
サイトアクセスは、1つのファイル共有を複数のWindowsサーバーと同期し、複
数の拠点にいるユーザーで同じファイルを共有できます。マルチサイトアクセス
を使用すると、ユーザーは自分の拠点のキャッシュに高速にアクセスできます。
以下の図のように、拠点Aと拠点BをAzure File Syncと同期することにより、拠
点Aでサーバーに対して行った変更がAzureのファイル共有経由で、拠点Bにも自
動的に同期されます（図6.43）。

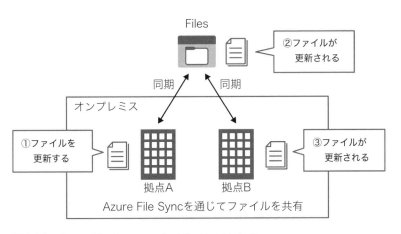

図6.43：Azure File Syncのマルチサイトアクセス

Azure File Syncを使用した場合、ファイルコンテンツはクラウド側に存在します。そのため、オンプレミスのサーバーで障害が発生し使用できなくなったとしても、データが失われることはありません。新しいWindowsサーバーを用意し、Azure File Syncと同期させることで高速に復旧できます。

■ Azure File Syncの構成
Azure File Syncを使用するには、以下の手順を実行します（図6.44）。

①Azureに「ストレージ同期サービス」リソースを作成する
②オンプレミスのWindowsサーバーに、「Azure File Syncエージェント」をインストールする
③オンプレミスのWindowsサーバーを、ストレージ同期サービスに登録する
④ストレージ同期サービスに「同期グループ」を作成し、オンプレミスのWindowsサーバーの同期させたいパス（サーバーエンドポイント）とAzure Files（クラウドエンドポイント）を指定する
⑤オンプレミスのWindowsサーバーと、Azure Files（ストレージアカウントのファイル共有）が同期される

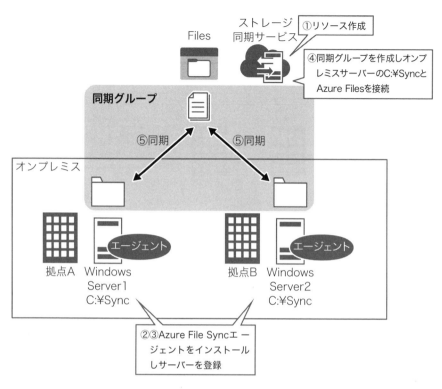

図6.44：Azure File Syncのマルチサイトアクセス

HINT **Azure File Syncエージェントのダウンロード**

Azure File Sync エージェントは、ストレージ同期サービスの管理画面からダウンロードできます。またマイクロソフトのダウンロードセンターからもダウンロードできます。

「Download Center - Azure File Syncエージェント」
https://www.microsoft.com/en-us/download/details.aspx?id=57159

ここが
ポイント

オンプレミスのデータとAzure Filesを同期するには、Azure File Syncエージェントを使用します。

6.3 オンプレミスからの移行

　ここでは、オンプレミスにある仮想マシンやデータをクラウドに移行するためのサービスである「Azure Migrate」と「Azure Data Box」について解説します。

6.3.1 オンプレミスからの移行とは

　「移行」とは「環境移行」のことを指し、データやシステムを現在の環境から別の環境に移動させることをいいます。どこからどこに移動させるかによって環境移行の種類が変わりますが、オンプレミスの仮想マシンをクラウドに移行することを「V2C（Virtual to Cloud）」とよびます。オンプレミス環境からクラウド環境へ移行する理由は、第1章「クラウドの概念」で解説したとおり、コストの最適化や運用管理負荷の軽減など多くのメリットがあるからです。

　たとえば、皆さんの会社にはオンプレミスで運用している仮想マシンが複数台あるとしましょう。それらをAzureが提供する移行サービスを使用して、簡単にAzureに移行できます（図6.45）。

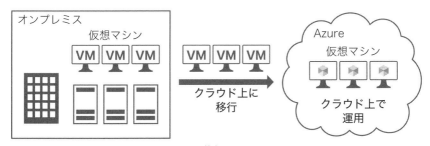

図6.45：オンプレミスからクラウドへの移行

　仮想マシンやデータをオンプレミスからAzureへ移行するためのサービスとして、次の2つを説明します。

・Azure Migrate
・Azure Data Box

237

6.3.2 Azure Migrate

　Azure Migrateは、オンプレミスの仮想マシンなどをAzureに移行できるかどうかを評価し、移行をサポートするプラットフォームです。Azure MigrateはAzure portalを使用して操作します。移行の対象は仮想マシン、データベース、Webアプリケーション、仮想デスクトップなどがあります。たとえば、オンプレミスの仮想マシンをAzureの仮想マシンとして移行したい場合、次の手順を実行して、移行元の仮想マシンの「検出」と「評価」を行います（図6.46）。

①移行元（オンプレミス）のサーバーに、「アプライアンス」という評価用の仮想マシンをインストールする
②アプライアンスが移行元のサーバーに存在する仮想マシンを検出する
③アプライアンスが収集したオンプレミスの仮想マシン情報を、Azure Migrateに送信する
④Azure Migrateの評価により、Azureへの移行適性、サイズ、コストなどが算出される

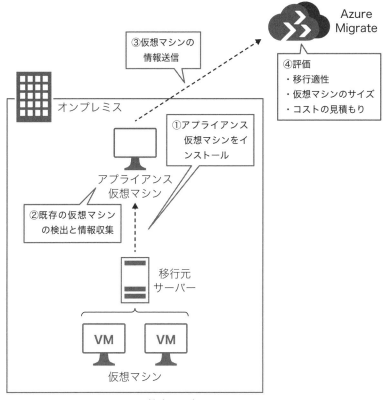

図6.46：Azure Migrateによる検出と評価

　オンプレミスの仮想マシンの検出と評価が完了すると、移行したい仮想マシンが問題なくAzureに移行可能であるか、適正な仮想マシンのサイズ、移行した後の運用コストなどをAzure Migrateの画面で確認できます。

　オンプレミスの仮想マシンをAzureに移行することを計画している場合は、毎月どの程度の使用料金を支払う必要があるのかを算出し、運用コストを計画するようにしてください。

　評価の結果を判断し、Azureに移行することになった場合は、次の手順で移行を実行できます（図6.47）。

①Azure Migrate画面で評価済みである移行対象の仮想マシンを選択し、使用
　するVMサイズやディスクを選択して、レプリケーション（コピー）を開始
　する
②レプリケーション完了後、「テスト移行」を行う
③Azure上にテスト用の仮想マシンと関連リソースが作成されるため、移行が
　問題なく行われているかを検証する
④テスト移行用の仮想マシンを検証後、「移行」を開始すると、Azure上に本番
　用の仮想マシンと関連リソースが作成される
⑤移行完了後、本番用の仮想マシンで実運用を行う

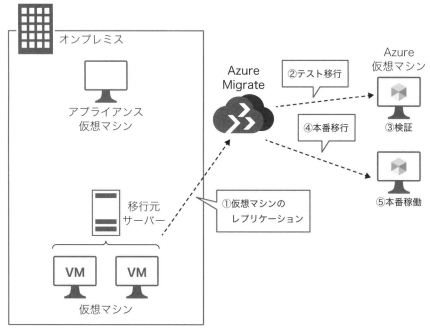

図6.47：Azure Migrateによる検出と評価

　このように、Azure Migrateはオンプレミスの仮想マシンなどを検出し、Azure
に問題なく移行できるかどうかや移行後のコストなどを評価し、移行までをサ
ポートしてくれる便利なプラットフォームです。

ここが
ポイント

オンプレミスの仮想マシンを Azure に移行することを計画している場合は、毎月の使用料金の支払いを計画する必要があります。

6.3.3 Azure Data Box

Azure Data Boxは、オンプレミスにある大量のデータを安全にAzureに移行するサービスです。「6.2.2 AzCopy」で解説した「AzCopy」も、オンプレミスからAzureにデータを転送できますが、あくまでもオンラインでの移行となるためインターネットを使用します。AzCopyを使用してTB単位の大量のデータをAzureへコピーする場合、インターネットの回線に負荷がかかるため、広帯域のネットワークの準備や業務に支障がない夜中の時間帯に作業を行うなど、考慮すべき事柄が多くあります。一方、Azure Data Boxを使用すると、物理的なハードディスクに大量のデータを保存して配送するため、オフラインでのデータ移行が可能になります。そのため、ネットワークに影響を与えることなく最大100TBの大量のデータを転送できます。

■ Azure Data Boxのインポート

オンプレミスからAzure Data Boxにデータをインポートするには、次の手順を実行します（図6.48）。

①Azure portalでAzure Data Boxを注文する
②指定した住所宛にマイクロソフトが用意したData Boxデバイスが届く
③到着したData Boxデバイスに接続し、移行したいデータをコピーする
④データコピー済みのData Boxデバイスをマイクロソフトに返送する
⑤Azureのデータセンターで、ストレージアカウントにデータのアップロードが開始される
⑥データのアップロード完了後、Data Boxデバイスのデータが消去される

第
6
章

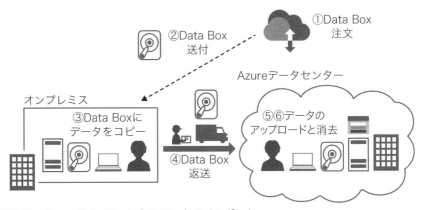

図6.48：Azure Data Boxによるデータのインポート

　このように、Azure Data BoxはTB単位の大量のデータをオフラインで転送することができる、データ移行のためのサービスです。

💡**HINT** **Azure Data Boxのエクスポート**

Azure Data Boxを使用して、Azureのストレージアカウントやマネージドディスクからデータをエクスポートし、オンプレミスに移行することも可能です。

💡**HINT** **Azure Data Box Heavy**

Azure Data Boxよりも多くのデータを転送したい場合、「Azure Data Box Heavy」を使用できます。Azure Data Box Heavyは、1PBのストレージ容量を持つData Box Heavyデバイスを使用して、Azure Data Boxよりも多くのデータを転送できます。

練習問題

問題 6-1

ストレージアカウントには、最大2TBのデータと最大200万個のファイルのみを格納できます。これは正しいですか。

A. はい、正しいです
B. いいえ、正しくありません

問題 6-2

ストレージアカウントのAzure BLOBに3TBのデータを格納すると、データが配置されているリージョンに関係なく、常に同じコストがかかります。これは正しいですか。

A. はい、正しいです
B. いいえ、正しくありません

問題 6-3

異なるリージョンにあるストレージアカウント間でのデータ転送は無料ですか。

A. はい、無料です
B. いいえ、有料です

問題 6-4

ストレージアカウントのサービスである、Azure BLOBの特徴を1つ選択してください。

A. メッセージをキューに格納し、アプリケーション間でデータを非同期に配信する
B. ネットワークドライブとして使用できるファイル共有
C. キーと値で構成する分散テーブル
D. 動画ファイルやビットマップ（画像）ファイルなどの大きなオブジェクトを格納できる

問題 **6-5** ....

　ストレージアカウントに格納されるデータは、少なくとも3つのコピーが自動的に作成されますか。

　A. はい、そのとおりです
　B. いいえ、そうではありません

問題 **6-6** ....

　ストレージアカウントのクールアクセス層は、Premiumファイル共有で使用できますか。

　A. はい、使用できます
　B. いいえ、使用できません

問題 **6-7** ....

　ストレージアカウントのアーカイブアクセス層に保存されているデータへのアクセスについて、正しいものを選択してください。

　A. AzCopyを使用していつでもアクセスできる
　B. データにアクセスする前にリハイドレートしなければならない
　C. データにアクセスする前に復元しなければならない

問題 **6-8** ....

　ストレージアカウントのアーカイブアクセス層は、ストレージアカウントレベルで設定できますか。

　A. はい、できます
　B. いいえ、できません

問題 6-9

ストレージアカウントのクールアクセス層は、BLOBを格納するためのコストが最も低く、長期バックアップデータの格納に最適である。これは正しいですか？

A. はい、正しいです
B. いいえ、正しくありません

問題 6-10

Azure Files（ファイル共有）を作成するには、まずストレージアカウントを作成する必要がある。これは正しいですか？

A. はい、正しいです
B. いいえ、正しくありません

問題 6-11

仮想ネットワークからのトラフィックが、インターネット経由でストレージアカウントにルーティングされないようにするには、何を使用すればいいですか？

A. パブリックエンドポイント
B. サービスエンドポイント
C. ネットワークセキュリティグループ（NSG）

練習問題の解答と解説

問題 6-1 正解 **B**　　　　　　復習 6.1.1 「ストレージアカウントとは」

　ストレージアカウントの既定の最大容量は、5PiB（ペビバイト）です。保存できるデータの個数に制限はありません。

問題 6-2 正解 **B**　　　　　　復習 6.1.1 「ストレージアカウントとは」

　ストレージアカウントは、作成するリージョンによって料金が異なります。

問題 6-3 正解 **B**　　　　　　復習 6.1.1 「ストレージアカウントとは」

　ストレージアカウントは、異なるリージョン間でデータをコピーする場合（GRS、GZRSなど）、リージョン間のデータ転送量による料金が発生します。

問題 6-4 正解 **D**　　　　　　復習 6.1.1 「ストレージアカウントとは」

　Azure BLOBは、画像や動画などの大きなファイルを格納するように最適化されたサービスです。

問題 6-5 正解 **A**　　　　　　復習 6.1.3 「ストレージアカウントの冗長化オプション」

　ストレージアカウントにデータを格納すると、最低でも3つのレプリカが自動的に保持されます。どのようにレプリカを保持するかは、LRS、ZRS、GRS、GZRS、RA-GRS、RA-GZRSから選択できます。

問題 6-6 正解 **B**　　　　　　復習 6.1.5 「BLOBのアクセス層」

　アクセス層を使用するのは、Standard 汎用v2のAzure BLOBのみです。

問題 6-7 正解 **B**　　　　　　復習 6.1.5 「BLOBのアクセス層」

　アーカイブアクセス層のBLOBにアクセスする場合には、ホットアクセス層またはクールアクセス層に移動させる必要があります。このことを「リハイドレート」といいます。

問題 6-8 正解 **B**　　　　　　復習 6.1.5 「BLOBのアクセス層」

　アクセス層をストレージアカウントレベルで構成する際は、「ホット」または「クール」から選択できます。

問題 6-9 正解 > B

復習 6.1.5 「BLOBのアクセス層」

ストレージコストが最も低く、長期バックアップデータの格納に最適なアクセス層は「アーカイブアクセス層」です。クールアクセス層は、最低30日間読み取りや変更を行わないような、短期バックアップデータなどの保存に最適です。

問題 6-10 正解 > A

復習 6.1.6 「Azure Files（ファイル共有）」

ファイル共有を作成するには、最初にストレージアカウントを作成する必要があります。ストレージアカウントの画面から、「ファイル共有」をクリックして作成します。

問題 6-11 正解 > B

復習 6.1.7 「サービスエンドポイント」

仮想ネットワークからストレージアカウントへの通信がインターネットを経由しないようにするには、サービスエンドポイントを使用します。

第 6 章

第 7 章

Azure Active Directory (Microsoft Entra ID) とセキュリティ

クラウド環境を安全に利用するためには、適切なセキュリティ設定が欠かせません。ここでは、Microsoft Azureの認証サービスである「Azure Active Directory（新名称：Microsoft Entra ID)」と、クラウドにおけるセキュリティの基本的な考え方について解説します。

理解度チェック

- ☐ 認証
- ☐ 認可
- ☐ Azure Active Directory (Microsoft Entra ID)
- ☐ シングルサインオン
- ☐ セキュリティトークン
- ☐ Active Directory Domain Services
- ☐ Azure AD Connect (Microsoft Entra Connect)
- ☐ Azure Active Directory Domain Services (Microsoft Entra Domain Services)

- ☐ Azure Active Directory (Microsoft Entra ID) のライセンス
- ☐ 多要素認証（MFA)
- ☐ 条件付きアクセス
- ☐ Identity Protection
- ☐ ロールベースアクセス制御（RBAC)
- ☐ スコープ
- ☐ セキュリティプリンシパル
- ☐ ゼロトラスト
- ☐ 多層防御
- ☐ Microsoft Defender for Cloud

アクセスキー **r**
(小文字のアール)

7.1 Azure Active Directory(Microsoft Entra ID)

　ここでは、クラウドアプリへのサインイン時に行われる処理の流れと、マイクロソフトのクラウド認証サービスである「Azure Active Directory（Microsoft Entra ID)」について解説します。

注意

Microsoft EntraとAzure Active Directory（Azure AD）の名称変更について
マイクロソフトは2022年5月にアクセス管理やID管理などを提供するサービスをまとめた新しいブランド、「Microsoft Entra」を発表しました。Azure ADもMicrosoft Entra製品ファミリーの1つに位置付けられています（機能等は変わっていない）。
それに合わせて2023年7月11日にAzure Active Directory（Azure AD）の名称が、「Microsoft Entra ID」に変更されることがアナウンスされました。名称は変更されますが、Azure ADの機能、価格、条件、およびSLAは変わりません。Azure ADの名称変更に伴い、Azure AD関連のサービス、機能も名称が変更されます。
試験では引き続きAzure ADで出題されることが予想されるため、本書ではAzure ADの名称のまま説明します。新名称はマイクロソフトの段階的な発表をもとに記載しているため、詳細はマイクロソフトのサイトをご確認ください。

7.1.1 認証と認可（承認）

　私たちが日ごろ利用している多くのクラウドシステムでは、主にユーザー名とパスワードを用いて利用者の特定を行っています。
　システムの利用者は、正しいユーザー名とパスワードを入力することにより接続が許可されますが、この時クラウドシステム側では、「認証」と「認可（承認)」という2つの処理が行われています。

■認証
　認証とは、システムにアクセスしてくる利用者が「誰なのか」を確認するプロセスです。代表的な方法として「ユーザー名（ID）とパスワードの組み合わせ」によるパスワード認証があります。正規のユーザーしか知りえない情報を入力することで、本人かどうかを確認します。パスワード以外にも、ユーザーが持っているデバイスやユーザー自身の生体情報（顔や指紋など）を利用して認証を行う方法もあります。

　ただし、「認証（本人確認）」が行われても、まだこの時点ではシステムにアクセスすることはできません。本人確認が行われたら、次にシステムへのアクセスに許可が必要です。

■ 認可（承認）

　認可（承認）とは、認証されたユーザーに対して適切な権限を与えるプロセスです。クラウドシステムは、認証によって本人確認が行われたら、次にそのユーザーがシステムへのアクセスが許可されているかどうかを確かめます。このプロセスを「認可」または「承認」と呼びます。

　このように、認証と認可の双方が行われたユーザーが、システムにアクセスできるようになります（図7.1）。

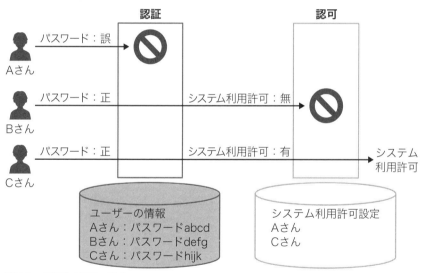

図7.1：認証と認可の流れ

認証とは、システムにアクセスする利用者を確認するプロセスです。

認可とは、認証されたユーザーに対して適切な権限を与えるプロセスです。

7.1.2 Azure Active Directory（Microsoft Entra ID）

　Azure Active Directory：Azure AD（Microsoft Entra ID）はマイクロソフトのクラウドのセキュリティ基盤で、クラウドアプリの認証を行います。Azure ADは、Azureの認証のほか、同じマイクロソフトのクラウドサービスであるMicrosoft 365の認証も行います。したがって、AzureとMicrosoft 365の両方を利用している組織は、同じ資格情報を利用してそれぞれのアプリにサインインすることができます。たとえば、Azure portalにサインインしているユーザーが、Microsoft 365のアプリにアクセスしようとした場合は、Azure ADによる認証が既に行われているため、サインインの画面が表示されることなくMicrosoft 365アプリの画面が表示されます。これを「シングルサインオン（Single Sign-On：SSO）」と呼びます（図7.2）。

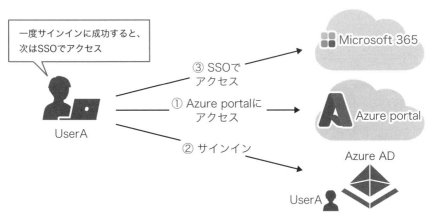

図7.2：シングルサインオンとは

■ シングルサインオン

　シングルサインオンとは、1度の認証によって複数のクラウドアプリにサインインなしで利用できるようになる仕組みです。

　シングルサインオンは同じマイクロソフトのクラウドアプリだけではなく、マイクロソフト以外のクラウドアプリ（SalesforceやServiceNowなど）との間でも働かせることができます。ユーザーが使っているさまざまなクラウドアプリをAzure ADと連携すると、ユーザーはシングルサインオンでそれらのクラウドアプリにもアクセスできます（図7.3）。

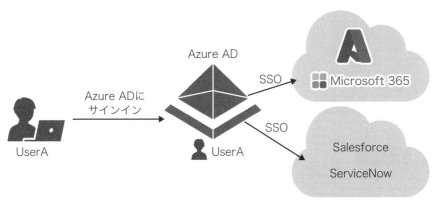

図7.3：マイクロソフト以外のクラウドサービスへのシングルサインオン

　このような構成にすると、クラウドアプリごとにサインインの操作（パスワードの入力など）が不要になるため、複数のクラウドアプリを利用しているユーザーの利便性が向上します。

■ Azure ADによる認証の流れ

　システム利用者がAzure portalなどにアクセスすると、認証を行うAzure ADに接続がリダイレクトされます。ユーザーが認証に必要な情報（ユーザー名とパスワードなど）を入力すると、Azure ADはその情報を使用して認証の処理を行います。認証が行われると、Azure ADは認証の証として「セキュリティトークン」と呼ばれるものをユーザーに発行します。発行されたセキュリティトークンを接続先（クラウドアプリ）に提示することで、アクセスが許可される仕組みになっています。一度認証が行われると、連携している他のクラウドアプリにアクセスする際は、発行されたセキュリティトークンを利用するため、次からはシングルサインオンでアクセスすることができます（図7.4）。

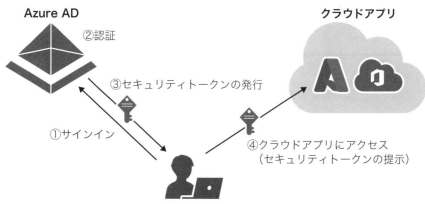

図7.4：Azure ADによるシングルサインオンの流れ

ここが
ポイント

Azure ADは、認証が行われるとクラウドアプリにアクセスするための「セキュリティトークン」を発行します。

■ Azure ADへのユーザー登録

　Azure ADにユーザーのアカウントを登録するには、Azure portalの［新しいユーザー］画面から行います（図7.5）。

図7.5：ユーザーの追加

［新しいユーザー］画面では、主に以下の項目を指定します。

・ユーザー名
・名前
・初期パスワード
・役割（管理者権限）
・利用場所（国）
・役職
・部署

　Azure ADにユーザーアカウントが登録されると、登録したユーザー名とパスワードを使用して、Azure ADと連携するさまざまなクラウドアプリにアクセスできます（アプリによってはライセンスやアクセス許可が必要になります）。

第7章

HINT Microsoft Entra管理センター

Azure ADは、2022年6月にMicrosoft Entraと呼ばれるマイクロソフトのID製品群の1つになりました。Azure ADの管理は、「Microsoft Entra 管理センター」（https://entra.microsoft.com）からも行うことができます（図7.6）。

図7.6：Microsoft Entra 管理センター

7.1.3 Active Directory Domain Services（AD DS）

　Azure AD（Microsoft Entra ID）はクラウドの認証サービスであるのに対し、「Active Directory Domain Services（AD DS）」はオンプレミス環境の認証サービスです。AD DSはWindows Serverが提供するサービスで、Windows ServerにAD DSの役割を追加すると、そのサーバーは「ドメインコントローラー」となります。ドメインコントローラーはアカウント情報を登録するデータベースを持ち、データベースにユーザーアカウントを登録することで、オンプレミスのユーザーを認証することができます。ドメインコントローラーが作成されると、AD DSの管理範囲であるドメインが作成されます。作成されたドメインには、各種サーバーやクライアントが使用しているPCを参加させます（ドメイン参加）。クライアントがユーザー名とパスワードを入力してサインインすると、同じドメイン内のサーバーにシングルサインオン（SSO）でアクセスできるようになります（図7.7）。

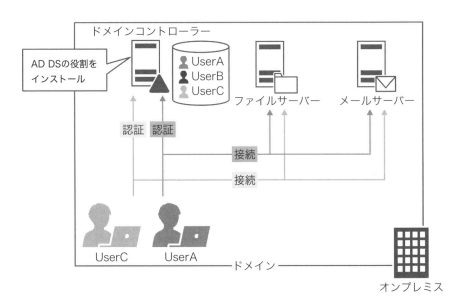

図7.7：AD DSの動き

■ Azure ADとAD DSは別物

　Azure ADとAD DSは、名称こそ似ているものの全く異なるサービスです。まず目的からして異なり、Azure ADはクラウドのユーザーを認証し、クラウドア

プリに対するシングルサインオンを提供します。一方、AD DSはオンプレミスの
ユーザーを認証し、オンプレミスのサーバーに対するシングルサインオンを提供
します。オンプレミスにサーバーがあり、クラウドアプリにもアクセスする必要
がある場合は、オンプレミスのドメインコントローラーとAzure ADの双方にユー
ザーアカウントの登録が必要です。

　たとえば、朝、会社に出社し、PCの電源を入れるとユーザー名とパスワードの
入力が求められます。これはオンプレミスのドメインコントローラーによる認証
です。認証の処理が完了すると、オンプレミスにあるサーバーにSSOでアクセス
ができます。そしてメールはOffice 365のExchange Onlineを使っている場合
は、認証はAzure ADが行うため、再度ユーザー名とパスワードの入力が求めら
れます。Azure ADによる認証が行われると、Office 365などのクラウドアプリ
にSSOでアクセスできるようになります。このように、オンプレミスのAD DSと
クラウドのAzure ADは、ユーザーアカウントを登録して認証を行うという点は
共通していますが、目的が全く異なります（図7.8）。

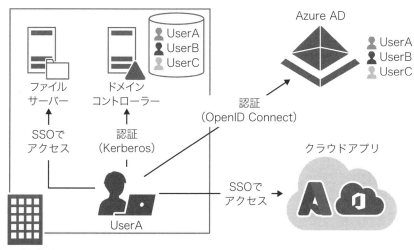

図7.8：AD DSとAzure ADの違い

　また使用している認証のプロトコルも違い、Azure ADではOpen ID Connect
などインターネット標準の認証プロトコルを使用しているのに対し、AD DSでは
Kerberosが認証プロトコルとして使われています（表7.1）。

	Azure AD	AD DS
主な用途	クラウドの認証サービス	オンプレミスの認証サービス
使われている主な プロトコル	Open ID Connect、 OAuth2、SAMLなど	Kerberosなど

表7.1：Azure ADとAD DSの比較

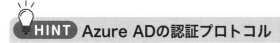 **HINT　Azure ADの認証プロトコル**

Azure ADは、SAMLなどインターネット標準の認証プロトコルを利用して（表7.1）、マイクロソフト以外のサードベンダーのクラウドアプリとも連携できるようになっています。

■Azure ADとAD DS間のアカウントの同期

前述したように、Azure ADとAD DSは全く異なる認証サービスであるため、オンプレミスのシステムとクラウドアプリの両方にアクセスする必要がある場合は、双方の認証サービスにアカウントが必要です。

しかし、システム管理者としてはユーザーの二重管理は避けたいところです。そこで、マイクロソフトは「Azure AD Connect（Microsoft Entra Connect）」というツールを無償で提供しており、このツールを使うことでAD DSのユーザーを、Azure ADに同期することができます（図7.9）。

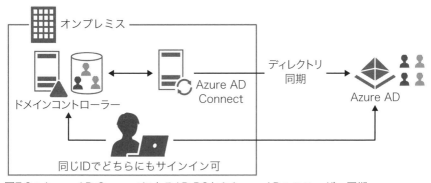

図7.9：Azure AD ConnectによるAD DSからAzure ADへのユーザー同期

このような構成にすると、AD DS側にユーザーを追加するだけでAzure ADに
ユーザーが同期されるため、管理者の管理コストを減らすことができます。ディ
レクトリ同期によりアカウントが同期されたユーザーは、同じIDでオンプレミス
側にもクラウドアプリにもアクセスできます。

ここが
ポイント

Azure AD Connectを使用すると、AD DSのユーザー情報などをAzure ADに同期でき
る。

7.1.4 Azure Active Directory Domain Services（Microsoft Entra Domain Services）

Azure AD（Microsoft Entra ID）と似た名称を持つサービスとして「Azure
Active Directory Domain Services：Azure AD DS（Microsoft Entra Domain
Services）」と呼ばれるサービスが存在します。これは、AzureにAD DSの環境を
作成できるサービスです。たとえば、オンプレミスにKerberos認証のみをサポー
トしているアプリがあるとします。このアプリが動いているサーバーをAzureに
移行（引っ越し）してしまうと、Azureの環境ではKerberos認証が動作しません。
このような時に、AzureにKerberos認証が動作する環境を作成できるのがAzure
AD DSです。Azure AD DSを作成すると、オンプレミスから移行したアプリ
(Kerberos認証のみをサポート)を引き続き使用することができます（図7.10）。

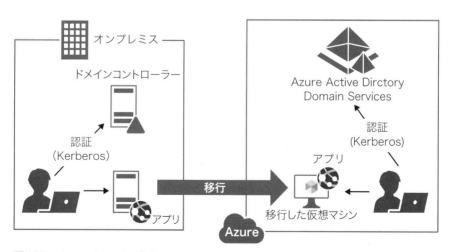

図7.10：Azure AD DSの概要

　Azure AD DSを利用しない場合、Azureの仮想マシンをAD DSのドメインコントローラーとして構築する必要がありましたが、Azure AD DSはマイクロソフトがドメインコントローラーを用意、管理してくれるため、利用者の管理負荷を減らすことができます。

ポイント

Azure Active Directory Domain Services（Azure AD DS）は、Azureの環境において AD DSの環境を作成できるサービスです。Azure AD DSを作成すると、Azureの環境で Kerberos認証が利用できるようになります。

7.1.5 Azure Active Directory(Microsoft Entra ID)のライセンスと主な機能

Azure AD（Microsoft Entra ID）には、次の4種類のライセンスがあります。

・Azure Active Directory Free（Microsoft Entra ID Free）
・Microsoft 365アプリ
・Azure Active Directory Premium P1（Microsoft Entra ID P1）
・Azure Active Directory Premium P2（Microsoft Entra ID P2）

注意

ライセンス名の変更
Azure ADの名称がMicrosoft Entra IDに変更されたのに伴い、Azure ADのライセンス名も2023年10月1日に変更されることがアナウンスされました。
しばらくの間は、旧名称で出題されることが予想されますが、新名称も合わせて覚えておいてください。

注意

Microsoft 365アプリについて
Azure Active Directoryの名称が、Microsoft Entra IDに変更されたことに伴い、ライセンス体系も変更されます。
「Microsoft 365アプリ」ライセンスは廃止されます。Microsoft 365アプリで利用できた機能については、今後は、Microsoft Entra ID Freeで利用できるようになります。本変更は、2023年10月1日からです。
また、Microsoft Entra ID Governanceなど新しいライセンスも提供されます。このライセンスは、2023年8月現在で購入可能です。

　上記のうち「Azure AD Free」は無償で利用できます。「Microsoft 365アプリ」は、Microsoft 365製品の一部のエディションを利用中のユーザーが、無償で利用できるライセンスです。そして、「Azure AD Premium P1」と「Azure AD Premium P2」は有償ライセンスとなっていて、ユーザー数に応じた月額料金がかかります。

　無償のAzure AD FreeやMicrosoft 365アプリライセンスでも、シングルサインオンやユーザー／グループの管理など、クラウドサービスに認証機能を提供する機能は備わっていますが、有償版のライセンスでは「条件付きアクセス」「動的グループ」「Identity Protection」など、高度な機能が利用できます（表7.2）。

	Azure AD Free	Microsoft 365 アプリ	Azure AD Premium P1	Azure AD Premium P2
シングルサインオン	○	○	○	○
ユーザー/グループの管理	○	○	○	○
多要素認証	△（*）	△（*）	○	○
セルフサービスパスワードリセット			○	○
動的グループ			○	○
条件付きアクセス			○	○
Identity Protection				○

（*）一部の機能を使用可能

表7.2：Azure ADのライセンス比較

　Azure ADの主な機能について解説します。

■ 多要素認証（MFA）

　パスワードを盗むさまざまな攻撃が増加している中、ユーザー名とパスワードだけで認証を行うパスワード認証は非常に危険です。そこで、パスワードなどの「知っているもの」、そしてユーザーが「持っている物」、「ユーザー自身」の3要素から2要素以上を組み合わせて認証を行うことを「多要素認証（Multi-Factor Authentication：MFA）」と呼びます（図7.11）。この多要素認証により、仮にパスワードが盗まれてしまっても、2要素目が完了しないとサインインができない

ため、認証のセキュリティを高めることができます。

　Azure ADにも多要素認証の機能が備わっており、Azure ADの多要素認証を「Azure AD Multi-Factor Authentication：Azure AD MFA」と呼びます。新名称は、「Microsoft Entra Multi-Factor Authentication：Microsoft Entra MFA」です。

図7.11：多要素認証の例

　Azure AD MFAの1要素目は、「知っているもの」としてAzure ADのパスワードが使われます。そして、2要素目として「持っているもの」を使用する場合は、スマートフォンや携帯電話などを使用することができます。

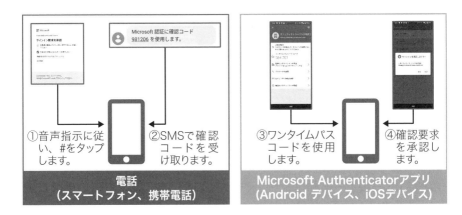

図7.12：Azure AD MFAの2要素目

　2要素目としてスマートフォンや携帯電話を使用する場合は、次のオプション
を選択することができます。

- 電話（スマートフォン、携帯電話）
  - ・かかってきた電話の自動音声に従い、＃をタップする（図7.12①）
  - ・SMSで確認コード（6桁の数字）を受け取る（図7.12②）

- Microsoft Authenticatorアプリ（Androidデバイス、iOSデバイス）
  - ・アプリに表示されているワンタイムパスコードを使用する（図7.12③）
  - ・表示された確認要求を承認する（図7.12④）

> **HINT　スマートフォン、携帯電話以外のデバイス**
>
> スマートフォン、携帯電話以外のデバイスとして、OATHハードウェアトークンのワンタイムパスワードを使用することもできます。

第7章

　ここでは、携帯電話のSMSを2要素目として利用する場合の流れを説明します。
まず、ユーザーは事前に携帯電話の番号をAzure ADに登録しておきます。Azure
ADにサインインする際に1要素目（ユーザー名とパスワード）の入力が完了する
と、登録した電話番号にSMSで確認コード（6桁の数字）が届きます。サインイ
ンの画面に届いたコードを入力したら、サインインは完了します（図7.13）。

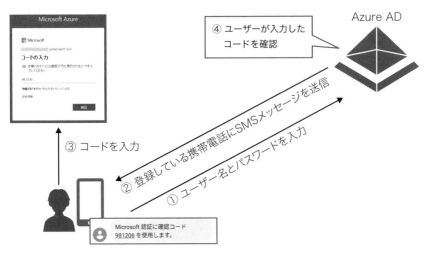

図7.13：SMSによる本人認証

　また、「ユーザー自身」を認証方法として使用する場合は、カメラで本人の顔を識別する、指紋をセンサーで読み取るなどの方法があります。

　多要素認証を有効にすれば、認証のセキュリティは向上しますが、ユーザーがサインインする際の手間が増えるため、バランスの良い設計が必要です。Azure AD Freeでも多要素認証を利用できますが、Azure AD Premium P1では社内ネットワークから接続している場合は多要素認証をスキップするなど、高度なオプションを利用することができます。

ここが
ポイント

Azure AD MFAの2要素目として、電話（音声）、SMS、Microsoft Authenticatorアプリ（ワンタイムパスコード、通知）が使用できます。

■Azure Active Directory条件付きアクセス（Microsoft Entra条件付きアクセス）

　条件付きアクセスとは、認証が完了した後、「正当なユーザー」に対して、アプリケーションへのアクセスをきめ細かく制御できる機能です。条件付きアクセスの使用例は、次の通りです。

・Azure ADの管理者権限を持つユーザーがAzure portalなどの管理ツールにアクセスする際は、多要素認証を要求する
・特定のアプリに対して、社外からのアクセスをブロックする
・特定のアプリに対して、会社のセキュリティ要件を満たしているデバイスからのみアクセスを許可する

　条件付きアクセスでアプリへのアクセスを細かく制御するには、「条件付きアクセスポリシー」を作成します。条件付きアクセスポリシーを作成する際は、主に次のような要素を組み合わせて構成します。

・人
・場所
・デバイス
・アプリ
・許可／拒否

第
7
章

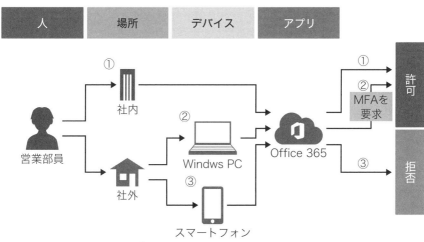

図7.14：条件付きアクセスポリシーの構成例

　図7.14は条件付きアクセスポリシーの構成例で、次の３つのパターンが構成されています。

①営業部グループのユーザーが社内からOffice365にアクセスしている場合は、

アクセスを許可する

②営業部グループのユーザーが自宅（社外）から、Windows PCでOffice365にアクセスした場合は、MFAを要求する

③営業部グループのユーザーが自宅（社外）から、スマートフォン（iOS、Android）でOffice365にアクセスした場合は、アクセスを拒否する

　条件付きアクセスの機能は、Azure AD Premium P1以上のライセンスで利用可能です。

ここが
ポイント

条件付きアクセスを使用することで、認証時のアクセス許可にさまざまな条件を設定できます。

■ Azure Active Directory Identity Protection（Microsoft Entra Identity Protection）

　Azure Active Directory Identity Protection（Microsoft Entra Identity Protection）は、ユーザーIDやサインイン動作のリスクをAIなどで検出する機能です。この機能はAzure AD Premium P2のライセンスを契約すると既定で有効になり、リスクを検出すると「低、中、高」の三段階でリスクレベル表示します。

　サインインリスク判定の具体的なアルゴリズムについては公表されていませんが、次のような動作を検知すると、リスクありとして評価されます。

・通常起こりえない移動
　短時間で、地理的に離れた2か所以上からのサインイン動作をリスクありとして検出します。

・普段とは異なるサインイン動作
　過去の認証履歴と照らし合わせ、サインイン時に普段と異なる動作（いつもと違うPCなど）が検出された場合、リスクありと判定されることがあります。

・パスワードスプレー
パスワードスプレー攻撃（複数のユーザーに対してパスワードを順番に試す攻撃）を検出したらリスクありと判定します。

検出されたリスクをIdentity Protectionのレポート画面から確認できますが、管理者が常にレポート画面を監視し続けることは不可能です。そこで検出されたリスクへの対処をIdentity Protectionのポリシー機能を使用して、自動的に対処させることができます。たとえば「リスクレベルが高と判定されたら、サインインをブロックする」、「リスクレベルが中と判定されたら多要素認証を要求する」といった動作を自動的に行わせることができます。

ここが
ポイント

Azure AD Identity Protectionを利用すると、ユーザーIDやサインイン動作のリスクを検出することができます。

7.1.6 Azure のアクセス管理

Azure AD（Microsoft Entra ID）にユーザーを作成する方法を「7.1.2 Azure Active Directory（Microsoft Entra ID）」で解説しましたが、作られたばかりのユーザーはAzureに対して何の管理権限も持っていないため、Azureリソースを管理することができません。

ユーザーに「ロール」を割り当てることで、ユーザーに管理権限が割り当てられ、Azureリソースを管理できるようになります（図7.15）。

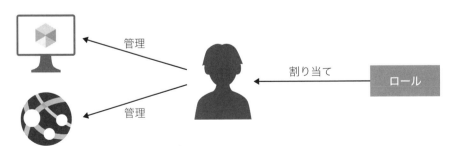

図7.15：ロールを割り当てる

■ ロールとは

ロール（role）とは、Azureのリソースに管理権限を与えるための、アクセス許可のコレクションです。たとえば、後述する「閲覧者」というロールは、リソースを閲覧するためのアクセス許可がひとまとまりになっています。

現在、多くのクラウドシステムはロールによって管理権限の設定が行われており、このような管理権限の設定の仕方を「ロールベースアクセス制御（Role Based Access Control：RBAC）」と呼んでいます。

■ Azureのロール

Azureには、用途に応じてさまざまな種類のロールが用意されています。ここでは、次の3つの組み込みのロールを説明します。

・所有者
・共同作成者
・閲覧者

この中で、最も強い管理権限を持つロールが「所有者」です。この3つのロールの詳細は、次の表のとおりです（表7.3）。

ロールの種類	ロールの内容
所有者	リソースの作成、設定変更、削除などすべての操作が行える、最も強い権限を持つロールです。
共同作成者	リソースの作成、設定変更、削除などの操作は所有者と同様に行えますが、共同作成ロールを持つユーザーはロールの割り当てができません。
閲覧者	リソースの設定値を参照することは可能ですが、作成や削除は行えないロールです。

表7.3：Azureの主なロール

その他、「仮想マシン共同作成者」や「ネットワーク共同作成者」など、サービスに合わせたさまざまなロールが存在するほか、新たにロールを作成することもできます。ロールは、ARMテンプレートと同様にJSON形式で定義されているため、必要な権限のみがセットされている独自のロールを作成することが可能です

（図7.16）。作成したロールを「カスタムロール」と呼びます。

```
{

    "Name": "Support Request Contributor (Custom)",

    "IsCustom": true,

    "Description": "Allows to create support requests",

    "Actions": [

        "Microsoft.Resources/subscriptions/resourceGroups/read",

        "Microsoft.Support/*"

    ],

    "NotActions": [

    ],

    "AssignableScopes":  [

        "/subscriptions/SUBSCRIPTION_ID"

    ]

}
```

図7.16：JSONで定義されているカスタムロール

■ ロールを割り当てる際の要素

　ロールを割り当てるには、次の3つの要素を組み合わせて設定します（図7.17）。

・スコープ
・ロール
・セキュリティプリンシパル

図7.17：ロールの割り当ての3つの要素

●スコープ

スコープは、ロールを割り当てる範囲のことで、「管理グループ」、「サブスクリプション」、「リソースグループ」、「リソース」にロールを設定することができます。たとえば、「サブスクリプション」スコープに対して「Aさん」に「所有者ロール」を割り当てると、Aさんはサブスクリプション全体に対して、一番強い権限（所有者ロール）を持ちます（図7.17）。

 参照　Azureの階層については第2章「2.3 リソースの管理」を参照してください。

上位階層に設定したロールは、下位の階層に引き継がれます。たとえば「サブスクリプション」にロールを設定すると、サブスクリプション内のすべてのリソースグループと、そのリソースグループ内のすべてのリソースに、割り当てたロールの効果が及びます。このように、上位階層に設定したロールが引き継がれることを「継承」と呼びます（図7.18）。

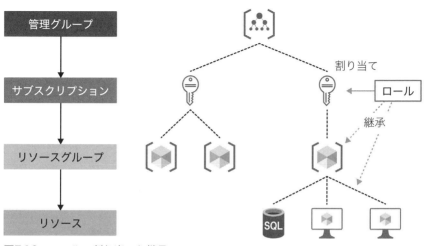

図7.18：ロールの割り当てと継承

●ロール

Azureにはリソース管理のロールとして、さまざまなロールが用意されています。ユーザーに権限を割り当て過ぎないように、必要なアクセス許可のみが含まれているロールを選択してください。

●セキュリティプリンシパル

ロールを設定するユーザーやグループなどを指定します。

■ ロールの割り当て方法

ロールを割り当てるには、各リソース階層のメニュー内の［アクセス制御（IAM）］から行います（図7.19）。IAMとは「Identity and Access Management」の略で、アクセス権限の適切な管理を行うための仕組みのことです。

第
7
章

図7.19：リソースグループEdifistに対するアクセス制御画面

この［アクセス制御（IAM）］は、リソースの各階層にメニューが存在します。たとえば、サブスクリプションにも［アクセス制御（IAM）］メニューがありますし、リソースグループ、各リソースにもあります。どのリソース階層で設定を行うかによって、前述の「スコープ」が決まります。どのリソース階層から［アクセス制御（IAM）］を選んでも同じ画面が表示されますが、ロールを割り当てる範囲が異なることに注意してください。

　［アクセス制御（IAM）］の画面が表示されたら、「ロール」と「セキュリティプリンシパル」を指定します。［ロール］タブで割り当てたいロールを指定し（図7.20）、［メンバー］タブでセキュリティプリンシパル（ユーザーやグループ）を指定します（図7.21）。

ホーム > リソース グループ > Edifist | アクセス制御 (IAM) >

ロールの割り当ての追加 ...   ×

フィードバックがある場合

ロール *   メンバー *   レビューと割り当て

ロールの定義は、アクセス許可のコレクションです。組み込みロールを使用するか、カスタム ロールを作成することができます。詳細情報を見る⧉

🔍 ロール名、説明、または ID で検索してください   種類：すべて   カテゴリ：すべて

名前 ↑↓	説明 ↑↓	種類 ↑↓	カテゴリ ↑↓	詳細
所有者	Azure RBAC でロールを割り当てる権限を含め、すべてのリソースを管...	BuiltInRole	全般	ビュー
共同作成者	すべてのリソースを管理するためのフル アクセスが付与されますが、Azu...	BuiltInRole	全般	ビュー
閲覧者	すべてのリソースを表示しますが、変更することはできません。	BuiltInRole	全般	ビュー
Access Review Operato...	Lets you grant Access Review System app permissions to dis...	BuiltInRole	なし	ビュー
AcrDelete	acr delete	BuiltInRole	コンテナー	ビュー
AcrImageSigner	ACR イメージ署名者	BuiltInRole	コンテナー	ビュー
AcrPull	acr のプル	BuiltInRole	コンテナー	ビュー
AcrPush	acr のプッシュ	BuiltInRole	コンテナー	ビュー
AcrQuarantineReader	ACR 検査データ閲覧者	BuiltInRole	コンテナー	ビュー
AcrQuarantineWriter	ACR 検査データ作成者	BuiltInRole	コンテナー	ビュー
AgFood Platform Sens...	Provides contribute access to manage sensor related entities...	BuiltInRole	なし	ビュー
AgFood プラットフォーム...	AgFood プラットフォーム サービスへの読み取りアクセスを提供します	BuiltInRole	AI + 機械学習	ビュー

図7.20：ロールの選択

ホーム > リソース グループ > Edifist | アクセス制御 (IAM) >

ロールの割り当ての追加 ...   ×

フィードバックがある場合

ロール   メンバー   レビューと割り当て

選択されたロール   所有者

アクセスの割り当て先   ⦿ ユーザー、グループ、またはサービス プリンシパル
                    ◯ マネージド ID

メンバー   ＋ メンバーを選択する

名前	オブジェクト ID	種類	
酉野 和昭	2627dd49-5249-482c-9f91-3592...	ユーザー	🗑

Description   省略可能

図7.21：メンバーの選択

　このように、リソースに対して適切なロールとセキュリティプリンシパルを設定することにより、ユーザーに管理権限を割り当てることができます。

第

7

章

273

7.2　Azureのセキュリティ

　クラウドセキュリティの重要な概念として「ゼロトラスト」と「多層防御」と呼ばれるものがあります。これら2つの考え方を実現するために、Microsoft Azureでは、ユーザーのデータを保護するためのさまざまなセキュリティサービスが提供されています。

　ここでは、ゼロトラスト、多層防御の概念を解説するとともに、「Microsoft Defender for cloud」というAzureのセキュリティソリューションを解説します。

7.2.1　ゼロトラスト

　ゼロトラストとは、情報システムのセキュリティ対策方針のうちの一つで、「決して信頼せず常に検証する」という考えに基づいたセキュリティ実装の考え方です。

　クラウドが普及する以前は、一般的にファイアウォールなどで企業ネットワークの「外側」と「内側」を区別し、「ファイアウォールの内側は安全である」という認識のもと、システムを構築していました（図7.22）。

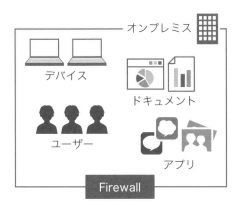

図7.22：以前のセキュリティ対策（ファイアウォールで防御）

　しかし、最近はクラウドの普及で、「さまざまな場所」から、「さまざまな時間」に、「さまざまなデバイス」で仕事ができるようになっています。現在は、クラウドのアプリやインターネットのストレージを活用し、インターネットに繋がれば、

どこからでも、どのデバイスからでも仕事ができるようになっています（図7.23）。

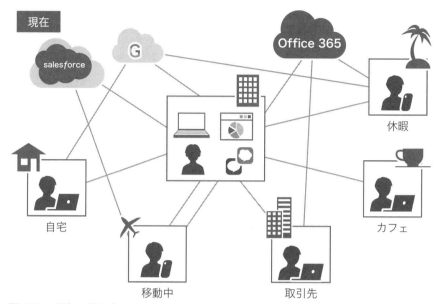

図7.23：現在の働き方

このような環境の変化は、ユーザーにとって非常に便利で生産性の向上にも大きく貢献していますが、従来の「ファイアウォールで保護する」というセキュリティ対策が意味をなさなくなっています。そこで、重要なのが「ゼロトラスト」の考え方です。

■ ゼロトラストとAzure AD（Microsoft Entra ID）

前述したように「ゼロトラスト」は、無条件に信頼できるものは何もなく、組織のファイアウォールの内側にあるものはすべて安全と考えるのではなく、何に対しても「決して信頼せず、常に検証する」という考え方です。

Azure AD（Microsoft Entra ID）のPremiumライセンスで提供される「条件付きアクセス」を利用すると、本人確認（認証）が終わっているユーザーであったとしても、アプリにアクセスする度にユーザーの状態（場所やデバイスなど）を確認してアクセスを許可するため、不正にアクセスされている場合の保護に役立ちます。

　たとえば、条件付きアクセスポリシーで、Office 365には社内ネットワークからのみアクセスを許可するように構成しているとします。社内ネットワークからアクセスしているUserAさんはアクセスが許可されますが、パスワードを不正に取得したユーザーが社外からアクセスしている場合は、アクセスが拒否されます（図7.24）。このようにユーザーIDが盗まれて認証に成功していたとしても、Office365などのアプリにアクセスする度に検証が行われるため、不正なアクセスをブロックすることができます。

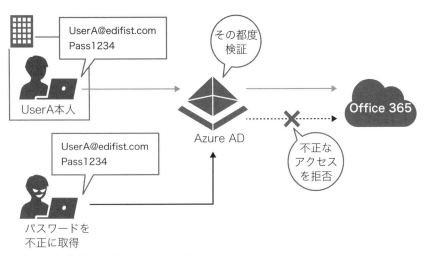

図7.24：条件付きアクセスにより不正なアクセスをブロック

　このように、認証済みのユーザーであったとしても、アクセスを許可するかどうかを常に確認することがゼロトラストには非常に重要です。

　さらに、侵入してくる攻撃者に対して脅威対策を活用し、IDをリアルタイムで保護することも重要です。これもAzure ADのPremiumライセンスで提供される「Identity Protection」などで対策が可能です。IDは盗まれることを前提に、いかにそれを検出するか、そして、いかに重要な情報にアクセスさせないか、これらがインターネットにあらゆるモノが露出している現在における重要なセキュリティ対策です。

ゼロトラストとは、「決して信頼せず、常に検証する」というセキュリティの考え方です。

7.2.2 多層防御

　多層防御も、情報システムのセキュリティ対策方針のうちの一つで、「複数のレイヤーごとにセキュリティ対策を施す」という考え方です。レイヤーとは「層」のことで、セキュリティ対策を幾重もの層で防御し、被害の発生を防ぐという考え方です。

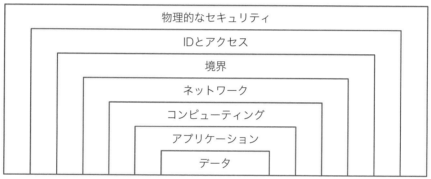

図7.25：多層防御の例

　上図の多層防御の例では、レイヤーの中心に「データ」があり、データを扱うアプリケーション、アプリケーションが稼働するコンピューティング（サーバー）というように続き、最終的にはサーバーを格納する物理的な環境までが含まれています（図7.25）。

多層防御の要素	対応の例
物理的なセキュリティ	・パーテーション ・施錠 ・入退室管理
IDとアクセス	・複雑なパスワードの設定 ・アクセス権の設定
境界	・ファイアウォール ・DDoS保護
ネットワーク	・ネットワーク暗号化 ・不正パケット検知
コンピューティング	・OSのセキュリティパッチ適用 ・ウイルス対策 ・バックアップ
アプリケーション	・アプリケーション制御 ・アプリケーションのセキュリティパッチ適用
データ	・データ暗号化

表7.4：各層のセキュリティ対策

　表7.4は各層におけるセキュリティ対策です。多層防御は、どこか1か所だけ対策を行っていても不十分で、各層で対策を施す必要があります。たとえば「ネットワーク」層でネットワーク上に流れるデータに対して暗号化などの対策を行い、「アプリケーション」層の対策としてセキュリティパッチを確実に適用していたとしても、「IDとアクセス」層に穴があって、管理者ユーザーのパスワードが漏洩していたとしたら、データは盗まれてしまう可能性があります。

　このように、セキュリティには全方位的な対策が求められます。

ここが
ポイント

多層防御の例として、物理的なセキュリティ、IDとアクセス、ネットワーク、アプリケーション、データなどがあります。

7.2.3 Microsoft Defender for Cloud

Microsoft Defender for Cloudは、クラウドネイティブアプリケーション保護プラットフォーム（CNAPP）で、さまざまなサイバー脅威や脆弱性からリソースを保護するのに役立ちます。Microsoft Defender for Cloudは、Azureのリソースだけでなく、オンプレミスの物理サーバーや仮想マシン、そしてAWSなどマルチクラウドのリソースのセキュリティログを収集し、マイクロソフトの機械学習を使って、さまざまな切り口から監視、評価を行います。

🔆 HINT 以前の名称

「Azureセキュリティセンター」の機能が拡張されて、2021年の11月に現在の「Microsoft Defender for Cloud」に名称が変更されました。試験には旧名称で出る可能性もあるので、注意してください。

Microsoft Defender for Cloudの機能は、次の2つの柱で成り立っています。

● クラウドセキュリティ態勢管理（CSPM）

クラウド環境の問題の評価、検出、レポートの作成までを自動的に行います。このCSPMにより、セキュリティ設定が正しくなされているかを診断し、セキュリティの高い環境を作成することができます。

● クラウドワークロード保護（CWP）

脆弱性のチェックや、アンチウイルス、ふるまい検知、IDS（不正侵入検知システム）、IPS（不正侵入防止システム）などを組み合わせて、リソースを保護します。

■ Microsoft Defender for Cloudのプラン

Microsoft Defender for CloudのCSPMには、2つのプランがあります。

● Foundational CSPM（無料版）

Foundational CSPMプランは、既定で有効となっており、無料で使用できます。

　Foundational CSPMでは、Azure、AWS、GCP全体で継続的な評価を行い、セキュリティに関する推奨の表示、セキュアスコア、Microsoftクラウドセキュリティベンチマークなどが提供されます。

●Defender CSPM（有償版）
　Defender CSPMは、エージェントレスの脆弱性スキャン、攻撃パス分析、統合されたデータ対応セキュリティ態勢などが提供されます。利用料金はサーバー、ストレージアカウント、データベースの数に基づき請求されます。

　Defender CSPMプランは、Microsoft Defender for Cloudの［環境設定］メニューにある［Defender プラン］画面で有効にできます（図7.26）。

図7.26：Defender CSPMプランの有効化

　また、Defender for CloudのCWP機能を有効にするには、ワークロードごとに用意されているDefenderプランを有効にします（図7.27）。ワークロードごとに用意されているプランは全部で10個あり、主なプランは次の通りです。

・Defender for Servers
・Defender for Storage
・Defender for Azure SQL
・Defender for Containers
・Defender for App Service　など

　料金はDefenderプランごとに異なっており、有効にするとその分の料金が課金されます。たとえば、Defender for Serversを有効にすると、1台に付き1か月約2千円の料金が発生します。

図7.27：CWPの有効化

Defender for Serversが有効になると、Azure、AWS、GCPを含むマルチクラウド環境の仮想マシン、そしてオンプレミスの物理サーバーや仮想マシンを保護するための機能が提供されます。

HINT Microsoft Defender for Cloudの変更前のプラン

Microsoft Defender Cloudのプランが変更されており、変更前のプランは次の通りです。

● 無償版
Microsoft Defender for Cloudの標準的な機能であるセキュアスコア、推奨事項、現在評価されているリソースのセキュリティ状態とインベントリが表示されます。

● 強化されたセキュリティ（有償版）
有償版である「強化されたセキュリティ」を有効にすると、Microsoft Defender for Cloudが持つすべての機能が利用可能になります。保護対象がオンプレミスのサーバーや仮想マシン、そしてマルチクラウドで実行されているワークロードまで拡張され、それらを高度なセキュリティ機能で保護できます。図7.27のプランを有効にすることができ、包括的な防御ができるようになります。

試験には、変更前のプランが出題される可能性があるため、変更前のプランについても確認しておいてください。

■Microsoft Defender for Cloudの主な機能

Microsoft Defenderの主な機能として、以下のようなものがあります。

・セキュアスコア
・推奨事項の提示
・規制コンプライアンスダッシュボード
・セキュリティアラート
・Just-In-Time VMアクセス

●セキュアスコア

　Azureリソースの設定値をシステムによって自動的に評価し、数値化します。現在のAzure環境のセキュリティを「点数」で確認できるようなものです。このセキュアスコアにより、現在のAzureの環境のセキュリティ状況の把握と、セキュリティを効率的に向上させることができます（図7.28）。

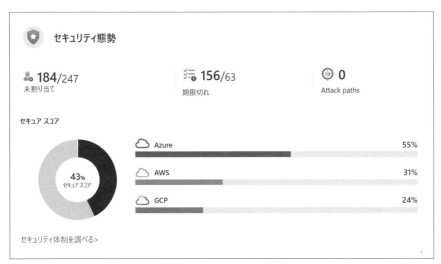

図7.28：セキュアスコアの表示

●推奨事項の提示

Azure Advisorと同様に、Azureのセキュリティを高めるために必要な項目
が表示されます。表示されている未対応の項目を順番に施していくと、セキュ
アスコアがどんどん向上していきます。たとえば、推奨事項の一覧に表示され
ているJust In Time VMアクセス（後述）を有効にすると、表示されている最
大スコアの値が追加され、セキュアスコアが上がります（図7.29）。

図7.29：Microsoft Defender for Cloudの推奨事項の提示

●規制コンプライアンスダッシュボード

ISO27001、NIST SP800-53などのコンプライアンス要件を満たしているか
どうかを一覧表示します。

●セキュリティアラート

システムログなどの内容から、実際の攻撃を検知して管理者に通知する機能
です。攻撃の検知には、マイクロソフトが持つ膨大な「脅威インテリジェンス」
と呼ばれるデータが用いられています。また、「セキュリティアラートマップ」
を使用すると、脅威の発生源がどこにあるか（どの国または地域から攻撃を受
けているのか）を視覚化できます（図7.30）。

図7.30：セキュリティアラートマップ

●Just-In-Time VMアクセス

　システム管理者が仮想マシンにアクセスするとき、主にWindowsの仮想マシンにはリモートデスクトップ接続、そしてLinuxの仮想マシンにはSSH接続を利用します。これらの接続には、3389番（Remote Desktop Protocol：RDP）と22番（SSH）のポート番号が使われています。しかし、3389番と22番ポートは、よく知られているポート番号で、悪意ある攻撃者から狙われやすい一面があります（図7.31）。

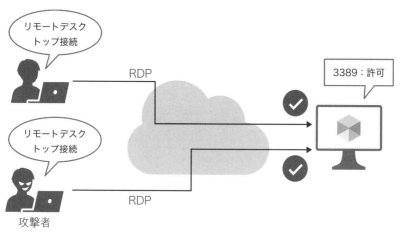

図7.31：3389番ポートの許可は危険

　そこで、リモートデスクトップやSSHなどのポートを普段は拒否しておき、必要な時に必要な接続先にだけアクセスを許可するのがJust-In-Time VMアクセスです。すると、普段は3389番ポートの接続は拒否されるため、不正なアクセスをブロックすることができます（図7.32）。

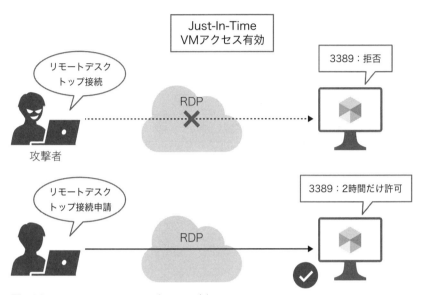

図7.32：Just-In-Time VM アクセスの例

　仮想マシンへのアクセスが必要な場合は、Azureから接続の申請を行うことができるようになっており、要求が承認されれば、あらかじめ設定した時間だけ接続が許可されます（図7.33）。

図7.33：Just-in-Time VMアクセスのアクセス要求

ここが
ポイント

Just-In-Time VMアクセスを使用すると、特定のポート番号を必要な時間だけ許可することができます。

練習問題

問題 7-1

次の文章の【　　】にあてはまるものとして、正しい選択肢はどれですか。

【　　】は、ユーザーの資格情報を確認するプロセスです。

A. 認可
B. 認証
C. フェデレーション
D. 同期

問題 7-2

次の①～③の用語に一致する適切な説明を選択してください。

用語	説明
①認可	
②シングルサインオン	
③MFA	

【説明】
A. 同じ資格情報を利用して、複数のリソースやアプリケーションにアクセスすること
B. ユーザーのアクセスレベルを識別するプロセス
C. ユーザーの資格情報を識別するプロセス
D. 複数の要素で、ユーザーの資格情報を識別すること

問題 **7-3**

次の文章の【　　　】にあてはまるものとして、正しい選択肢はどれですか。

クラウドアプリケーションは【　　　】に接続することでセキュリティトークンを取得する。

A. Azureストレージサービス
B. Azure Active Directory
C. Azure Key Vault
D. Microsoft Defender for cloud

問題 **7-4**

次の各ステートメントについて、正しければ「はい」を選択してください。誤っている場合は「いいえ」を選択してください。

①リソースグループには、一つのロールしか割り当てることができない。
②1つのユーザーに対して、複数のロールを割り当てることができる。
③カスタムロールを作成して、リソースへのアクセスを制御できる。

問題 **7-5**

オンプレミスのネットワークに5,000のユーザーアカウントを含むActive Directory Domain Servicesがあります。このユーザーをAzure Active Directory（Microsoft Entra ID）に移行し、将来的にシステムを全面的にクラウドに移行することで、オンプレミスのデータセンターを廃止することを計画しています。
移行後のユーザーへの影響を最小限に抑えるための選択肢として適切なものはどれですか。

A. Azure AD Multi-Factor Authenticationを実装する
B. すべてのActive Directoryユーザーアカウントを、Azure Active Directoryに同期する
C. Azure Active Directoryにゲストアカウントを追加する
D. すべてのActive Directoryユーザーアカウントを無効にする

問題 7-6

セキュリティを複数の層に分けて実装することを「多層防御」といいます。
多層防御の例として【　　】にあてはまる選択肢をそれぞれ選択してください。

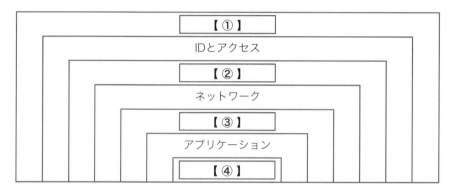

A. 物理的なセキュリティ

B. 境界

C. データ

D. コンピューティング

練習問題の解答と解説

問題 7-1 **正解** B

復習 7.1.1 「認証と認可（承認）」

　ユーザーの資格情報を確認するプロセスが「認証」、ユーザーのアクセスレベルを決定するプロセスが「認可」です。

問題 7-2 **正解** 以下の通り

復習 7.1.1 「認証と認可（承認）」、7.1.2 「Azure Active Directory（Microsoft Entra ID）」

用語	説明
①認可	B
②シングルサインオン	A
③MFA ·	D

①ユーザーのアクセスレベルを決定するプロセスが「認可」なので、Bが正解です。Cは「認証」の説明です。

②シングルサインオンにより、1回の認証で複数のアプリケーション等にアクセスすることができるのでAが正解です。

③MFAは「Multi-Factor Authentication（多要素認証）」の略で、ユーザーの「知っているもの」「持っているもの」「ユーザー自身」から2要素以上を組み合わせて認証することです。したがってDが正解です。

問題 7-3 **正解** B

復習 7.1.2 「Azure Active Directory（Microsoft Entra ID）」

　Azure Active Directory（Microsoft Entra ID）はクラウドサービスに対して「認証」の仕組みを提供します。Azure Active Directoryはユーザーを認証すると、認証の証として「セキュリティトークン」と呼ばれるものをアプリケーションに発行します。

問題 7-4 **正解** ①いいえ　②はい　③はい　✎ 復習 7.1.6 「Azureのアクセス管理」

　ユーザーなどに適切なロールを設定することで、ユーザーはリソースに対しての管理権限を得ます。

①リソースグループに対して複数のロールを割り当てることは可能なので、【いいえ】が正解です。

②ユーザーに対しても複数のロールを割り当てることができるので、【はい】が正解です。

③ロールの定義はJSON形式で定義されており、ユーザーが独自のカスタムロールを作成する事ができます。したがって、【はい】が正解です。

問題 7-5 **正解** B　✎ 復習 7.1.3 「Active Directory Domain Services（AD DS）」

　Azure AD Connect（Microsoft Entra Connect）というツールを利用することで、オンプレミスのAD DSのユーザーをAzure AD（Microsoft Entra ID）に同期することができます。これにより、二重管理を緩和できるほか、オンプレミスからAzure ADへの移行（引っ越し）にも利用することができます。

問題 7-6 **正解** ①A　②B　③D　④C　✎ 復習 7.2.2 「多層防御」

　多層防御の例として、物理的なセキュリティ→IDとアクセス→境界→ネットワーク→コンピューティング→アプリケーション→データという分け方があります。

Azureのガバナンス管理と監視

この章では、Azureリソースを管理・運用するにあたり、どのように会社のルールを作成し順守するのか、構築したシステムが社会的な規範や法令が守られているかを評価するにはどうすればいいのか、そして適切に監視を行うための仕組みにはどのようなものがあるのか、ということについて解説します。

理解度チェック……………………………………………………………………………

- ☐ Azure Policy
- ☐ ポリシー定義とイニシアチブ定義
- ☐ リソースロック
- ☐ Azure Blueprints
- ☐ Service Trust Portal
- ☐ トラストセンター
- ☐ Azure Advisor

- ☐ Azure Service Health
- ☐ Azure Monitor
- ☐ メトリックとログ
- ☐ Log Analytics
- ☐ Azure Monitorアラート
- ☐ Application Insights

アクセスキー **3**
(数字のサン)

8.1 Azureのガバナンスとコンプライアンスツール

「ガバナンス」とは、本来「統治」「支配」「管理」を指し、世間では広い意味で使用されています。ITの世界では「ITガバナンス」という言葉をよく耳にしますが、「企業のIT活用を監視、規律すること」という意味で使用される場合が多くあります。

本書では、ガバナンスを「Azureリソースを管理し、内部の人間による不正行為の防止や人的ミスによるリスクを防止するための仕組みづくり」として説明します。また「コンプライアンス」は、一般的に「法令や社会的な規範から逸脱することなく適切に業務を遂行すること」とされていますが、本書ではAzureにおける「公的機関や団体が取り決めた基準への準拠」や「会社が決めた規則への準拠」として説明します。

8.1.1 Azure Policy

これまで解説してきたように、Azureにはさまざまな種類のリソースがあり、リソースごとにそれぞれの価格レベルが存在します。Azureでシステム構築を行う際、会社で決まっているルールや予算などを考慮して、「適切なサービス」や「適切な価格レベル」を選択します。しかし、ルールや予算が決まっていたとしても、何かの間違いでスペック過多な高額の仮想マシンを作成してしまうことがあるかもしれません。また、日本国内にしかデータを置いてはいけないと決まってるにもかかわらず、リージョンの選択を間違えてしまうことがあるかもしれません（図8.1）。

図8.1：ルールから逸脱したリソースの展開

Azure Policyの主な使用例は、次のとおりです。

・作成できる仮想マシンのサイズを限定する
・リソースグループ内で、仮想ネットワークなどの特定のリソースの作成を拒否する
・会社で許可されたリージョンのみを使用して、リソースを作成する
・リソース作成時に「タグ」を構成することを強制する

　たとえば、特定のリソースグループに「許可されている仮想マシンサイズSKU」というポリシーが割り当てられていて、「Standard_D4」というサイズが指定されているとします。すると、ポリシーが割り当てられているリソースグループでは、「Standard_D4」以外のサイズの仮想マシンを作成しようとした場合にエラーメッセージが表示され、仮想マシンの作成が失敗します（図8.2）。

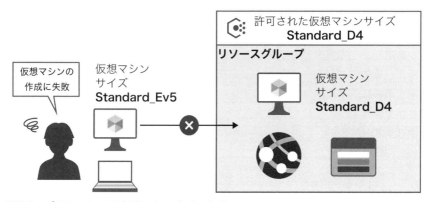

図8.2：ポリシーによる仮想マシン作成の失敗

　Azure Policyを使用すると、Azure環境にさまざまなルールが適用されるため、会社のルールに準拠した運用を行うことができます。

ここが
ポイント

Azure Policyは、以下のようなポリシーを構成できます。

・作成できる仮想マシンのサイズ制限
・仮想ネットワークなどの特定のリソースの作成の拒否
・使用できるリージョンの制限

■ ポリシー定義とイニシアチブ定義

　Azure Policyでは、個々のポリシー（ルール）のことを「ポリシー定義」とよびます。ポリシー定義をサブスクリプションやリソースグループに割り当てることで、Azureの環境にさまざまなルールを構成できます。

　Azureには、既定でさまざまな組み込みのポリシー定義が用意されており、制限したい内容のポリシーをサブスクリプションなどに割り当てます。たとえば、既定で用意されているポリシー定義には前述した「作成できる仮想マシンのサイズ制限」などがあります。しかし、組み込みのポリシー定義に適切なものがない場合は、必要に応じて自分でポリシー定義を作成することもできます。自分で作成したポリシー定義を「カスタムポリシー」と呼びます。

　また、複数のポリシーを適用する必要がある場合は、ポリシー定義を1つずつ適用するのは効率が悪いため、ポリシー定義をグループ化してまとめて適用することができます。ポリシー定義がグループ化された集合体を「イニシアチブ定義」とよびます（図8.3）。

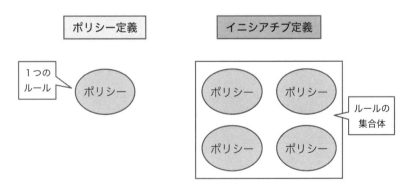

図8.3：ポリシー定義とイニシアチブ定義

　複数のポリシー定義をイニシアチブ定義としてグループ化し、サブスクリプ

ションやリソースグループなどにまとめて割り当てることができます（図8.4）。

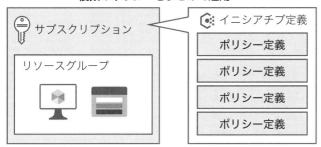

複数のポリシーをまとめて適用

図8.4：サブスクリプションへのイニシアチブ定義の割り当て

　イニシアチブ定義も既定で組み込みのものが用意されていますが、必要に応じて自分で作成することもできます。

　既定で用意されている組み込みのイニシアチブ定義として、公的なコンプライアンス要件に準拠しているかどうかを評価するものがあります。たとえば、国際規格である「ISO 27001（情報管理システムのセキュリティ強化）」や「PCI DSS（クレジットカード業界のセキュリティ基準）」などに対応するためのイニシアチブ定義があります。これらのイニシアチブ定義をサブスクリプションに割り当てると、サブスクリプション内にあるリソースの構成が、国際規格に準拠しているかどうかが評価され、その結果を確認できます（図8.5）。構築したAzureリソースの構成が国際規格に準拠した運用をしているということが証明されれば、取引先からの信用を得やすくなる可能性があるため、効果的に使用することをお勧めします。

第 8 章

図8.5：Azureリソースの国際規格への準拠

イニシアチブ定義とは、ポリシー定義の集合体です。

■ ポリシーの適用範囲

　ポリシー定義やイニシアチブ定義は、管理グループ、サブスクリプション、リソースグループ、特定のリソースに割り当てて使用できます。Azure Policyを上位の階層に割り当てると、下位の階層に継承されます。たとえば、サブスクリプションにポリシーを割り当てると、サブスクリプション配下のリソースグループと、リソースグループ内に作成されたすべてのリソースにポリシーが自動的に適用されます（図8.6）。また、サブスクリプションの上位である管理グループにポリシーを割り当てることによって、複数のサブスクリプションに共通のポリシーを割り当てたり、複数のサブスクリプション内に存在するAzureリソースのコンプライアンス準拠状況をまとめて管理することができます。

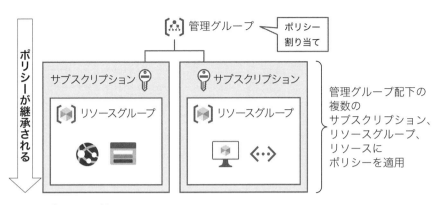

図8.6：ポリシーの継承

ここが
ポイント

ポリシーを管理グループに割り当てると、複数のサブスクリプションのAzureリソースの
コンプライアンス準拠状況をまとめて管理できます。

■ Azure Policyの操作

Azure Policyを操作するには、ポータルメニューから［ポリシー］をクリック
します（図8.7）。

図8.7：Azure Policyサービスの起動

　ポリシーの概要画面で、Azureリソースのポリシーへの準拠状況を確認できます（図8.8）。

図8.8：Azure Policyの概要画面

　また［定義］画面で、定義済みのポリシー定義やイニシアチブ定義の一覧を表示したり、新規で作成することもできます（図8.9）。

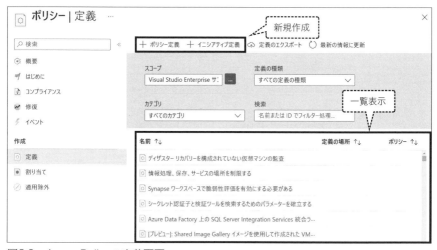

図8.9：Azure Policyの定義画面

■ Azure Policyの割り当て

ポリシー定義やイニシアチブ定義を割り当てるには［割り当て］画面から行います。次の図8.10では、「許可されている仮想マシンサイズSKU」のポリシー定義と「Azureセキュリティベンチマーク」というイニシアチブ定義が割り当てられていることが表示されています。

図8.10：Azure Policyの割り当て画面

■ Azure Policyの動作

次に、ポリシーの適用前と適用後の動作について確認しておきましょう。たとえば、リソースグループに「東日本リージョン」以外のリソースの作成を禁止するポリシー定義を割り当てたとします。その場合、東日本リージョン以外を使用して、リソースを新規作成することはできません。それでは、ポリシー適用前に東日本リージョン以外を使用して作成していたリソースがあった場合、そのリソースは自動的に削除されてしまうのでしょうか。ポリシーに準拠していないリソースがあったとしても自動的に削除されることはなく、Azure Policyによって準拠していないリソースとしてマークされ、そのまま正常に機能し続けます。管理者はポリシーの準拠状況をポリシーの管理画面で確認し、準拠させる場合にはリソースを再構成する必要があります。

第

8

章

ポイント

Azure Policy定義の割り当て後、ポリシーに準拠していない既存のリソースは正常に機能し続けます。

HINT Azure Policyの修復機能

Azure Policyには、準拠していないリソースを修復する「修復」という機能があります。この機能は、リソースの新規作成や何らかの更新操作を行う際、ポリシーに準拠しているかどうかを評価し、準拠していなければ準拠するように修復してくれます。
たとえば、あるリソースグループに作成するリソースには「環境」というタグに「開発」という値を設定しなければいけないというポリシーが構成されているとします。その場合、リソース作成時にタグが設定されていなければ、修復機能が自動的にタグを設定してくれます。このようにAzure Policyを使用してリソースの自動修復を行うこともできます。

8.1.2　リソースロック

　リソースロックとは、他の管理者による重要なリソースの削除や変更を防ぐ機能です。この機能により、人のミスなどによる意図しない削除や、変更が行われることを防止することができます。Azureで使用されるリソースには、本番稼働しているものもあれば、検証や開発目的で使用されているものもあります。誤って本番稼働している重要なリソースを削除してしまうと、影響範囲が広く取り返しのつかないことになる可能性があります。そのような事態を防ぐために、リソースをロックする機能があります。

■ リソースロックの種類
　リソースロックには、次の2つの種類があります。

・削除ロック
・読み取り専用ロック

　「削除ロック」は、削除操作を禁止するロック機能です。たとえば、RG1というリソースグループに削除ロックが構成されている場合、RG1の削除はできません。また、ロックは上位リソースから下位リソースに継承されるため、RG1の削除ロックはRG1内にあるリソースにも継承されます。そのため、RG1の中にあるリソースの削除もできません（図8.11）。ただし、削除ロックはあくまでも削除

を禁止するものなので、リソースグループに新しくリソースを作成したり、既存のリソースを更新することはできます。

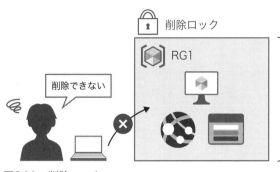

削除ロック

RG1

削除できない

リソースグループと
その配下のリソースが
削除から保護される

図8.11：削除ロック

ロックは上位リソースから下位リソースに継承されるため、リソースグループに対して
ロックを構成した場合、その中のリソースもロックを継承します。

　一方、「読み取り専用ロック」は、リソースの読み取り操作しかできません。たとえば、RG1というリソースグループに読み取りロックが構成されている場合、RG1内のリソースは閲覧できます。しかし、RG1内への新しいリソースの作成や、リソースの更新（仮想マシンのサイズ変更など）はできません。また、RG1のリソースグループやその中のリソースを削除することもできません（図8.12）。このように、読み取り専用ロックは削除ロックよりも強力な保護を行います。

読み取り専用ロック

RG1

新規作成、更新、
削除ができない

リソースグループと
その配下のリソースが
読み取り専用になる

図8.12：読み取り専用ロック

第8章

ここが
ポイント

リソースロックには2種類のロックがあります。
・削除ロック…削除操作を実行することができないロック
・読み取り専用ロック…リソースの読み取り操作しかできないロック

■ リソースロックの設定

　Azure portalでリソースロックを構成するには、リソースメニューから行います。たとえば、リソースグループにロックを設定したい場合は、対象のリソースグループを表示し、リソースメニューの［ロック］をクリックします（図8.13）。

図8.13：ロックの設定①

ここが
ポイント

リソースロックを構成するには、リソースメニューの［ロック］をクリックします。

　ロックを作成する場合は、表示されたロック画面で［追加］をクリックし（図8.14①）、「ロックの種類」を選択します（図8.14②）。次にロックの名前を設定し、［OK］をクリックします。ここでは「Lock1」という名前で読み取り専用ロックを作成します。

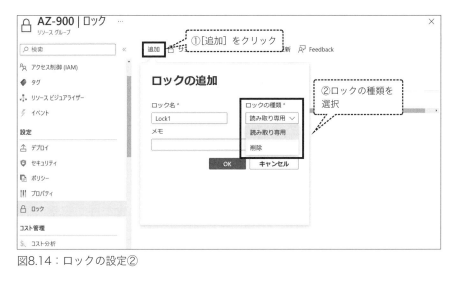

図8.14：ロックの設定②

第
8
章

　以上の操作を行うと、Lock1という名前の読み取り専用ロックが作成されました（図8.15）。

図8.15：ロックの一覧画面

　ロックの作成後に、リソースグループにリソースを作成すると、「ロックを解除してもう一度お試しください。」という内容のエラーが表示されます（図8.16）。

図8.16：ロックによるエラー

　たとえリソースグループの所有者ロールを持つユーザーであっても、ロックが構成されている限り、リソースグループの更新や削除を行うことはできません。リソースロックは、RBACのアクセス許可に関係なく適用されます。対象のリソースグループやリソースに更新や削除を行うには、まず設定されているロックを「削除」する必要があります。

ロックされたリソースの更新や削除を行うには、ロックを削除する必要があります。

 HINT リソースロックの管理権限

リソースロックの作成や削除ができるのは、「所有者」と「ユーザーアクセス管理者」のロールを持つユーザーのみです。リソースロックの詳細は、次のマイクロソフトの公式ドキュメントを参照してください。

「リソースをロックしてインフラストラクチャを保護する」
https://learn.microsoft.com/ja-jp/azure/azure-resource-manager/management/lock-resources?tabs=json

　同じ場所に複数のロックを構成する場合、それぞれのロックは別物として扱われます。たとえば、あるリソースグループに「読み取り専用」ロックが構成されている場合でも、そのリソースグループに読み取り専用ロックや削除ロックを追加できます（図8.17）。

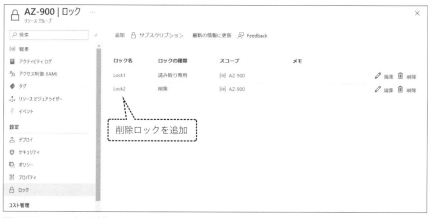

図8.17：ロックの追加

　また、削除ロックを重ねて構成することもできます（図8.18）。ロックは目的別に複数構成することができるようになっており、それぞれが単体で作動します。たとえば図8.18では、リソースグループに1つの読み取り専用ロックと、2つの削除ロックが構成されています。このような場合は、まず一番強いロックである読み取り専用ロックが適用されます。読み取り専用ロックが削除されると、残っている削除ロックが作動します。リソースの削除操作を行いたい場合は、すべての削除ロックを削除する必要があります。

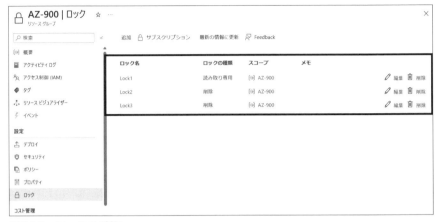

図8.18：ロックの重複

ここが
ポイント

リソースには複数のロックを構成できます。読み取り専用ロックが構成されている場合、読み取り専用ロックや削除ロックを追加できます。また削除ロックが構成されている場合も同様です。

8.1.3 Azure Blueprints（ブループリント）

　ブループリントとは「青写真」という意味で、写真の複写に使用される技術です。Azure環境でも写真を複写するように、同じ構成の環境をまとめて作成することができます。Azure Blueprintsを使用すると、サブスクリプション単位でARMテンプレート、Azure Policy、RBAC、リソースグループをセットで構成する（割り当てる）ことができます。たとえば、複数のサブスクリプションを使用してシステムを構築する場合、サブスクリプションごとにコンプライアンス管理を行うのは大変です。会社で決められたコンプライアンス基準があるのであれば、その基準をすべてのサブスクリプションに適用し、同じAzure PolicyやRBACロールを使用したい場合があります（図8.19）。

　また、サブスクリプション単位で本番環境や検証環境を分けている場合、それらのサブスクリプションに同じ名前のリソースグループや同じリソースをまとめて作成したい場合もあるでしょう。Azure Blueprintsを使用すると、サブスクリプションにポリシー、RBACロールがセットされた状態で複数のリソースを作成

できるため、組織のコンプライアンスに従った環境をすばやく構築できます。

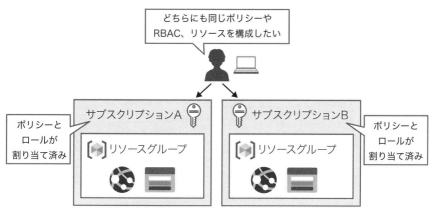

図8.19：サブスクリプションの環境構成

■ Azure Blueprintsで定義できること

Azure Blueprintsは、標準化された環境を作成するために、次の定義を行えます。

・リソースグループ
・ARMテンプレート
・ロールの割り当て
・Azure Policyの割り当て

たとえば、次の要件で環境を作成したい場合を例に考えてみましょう。

・「AZ-900-BP」という名前のリソースグループを作成する
・リソースグループの中にはあらかじめストレージアカウントを作成しておく
・担当者にリソースグループの共同作成者ロールを割り当てる
・リソースグループに仮想マシンを追加する場合、Standard_D2のサイズのみ
　を許可する

この場合、Azure Blueprintsで定義することは次の通りです（図8.20）。

・「AZ-900-BP」という名前のリソースグループ
・ストレージアカウントを作成するためのARMテンプレート
・リソースグループの共同作成者権限をAさんに付与
・仮想マシンサイズを制限するAzure Policy

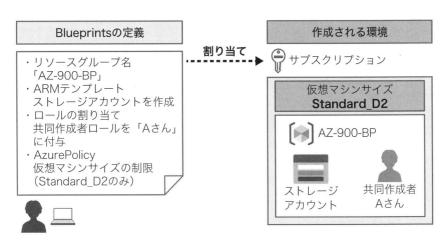

図8.20：Azure Blueprintsの定義

　Azure portalを使用したAzure Blueprintsの編集画面は、次のようになります（図8.21）。

図8.21：Azure Blueprintsの編集画面

定義したAzure Blueprintsをサブスクリプションに割り当てると、「AZ-900-BP」のリソースグループが作成されます（図8.22）。

図8.22：Azure Blueprints割り当て後のリソースグループ一覧画面

「AZ-900-BP」リソースグループの中には、ARMテンプレートによって作成されたストレージアカウントが存在します（図8.23）。

図8.23：ARMテンプレートで作成されたリソース

このように、Azure Blueprintsはリソースグループ、ARMテンプレート、

Azure Policy、ロールの割り当てをあらかじめ定義してサブスクリプションに割り当てることで、コンプライアンスに準拠した新しい環境をサブスクリプション内にすばやく構築できます。

ここが
ポイント

Azure Blueprintsはサブスクリプションに割り当てます。

ここが
ポイント

Azure Blueprintsはリソースグループ、ARMテンプレート、Azure Policy、ロールの割り当てを定義できます。

HINT Azure Blueprintsの料金

Azure Blueprintsを使用する場合、追加の料金は発生しません。

8.1.4 Service Trust Portalとトラストセンター

マイクロソフトは、クラウドサービス（AzureやMicrosoft 365など）のコンプライアンスを確認するWebサイトとして、次の2つを公開しています。

・Service Trust Portal
・トラストセンター

■ Service Trust Portal

Service Trust Portalは、マイクロソフトのクラウドサービスが取得した国際規格の認定（ISOやPCIなど）についての監査レポートやホワイトペーパーなどの、コンプライアンスに関連する情報を公開しているWebサイトです（図8.24）。

図8.24：Service Trust Portal画面

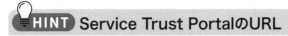

> **HINT** **Service Trust PortalのURL**
>
> Service Trust Portalを使用する場合は、次のURLにアクセスしてください。
> https://servicetrust.microsoft.com/

Service Trust Portalには誰でも無料でアクセスできますが、コンプライアンスに関する資料をダウンロードして確認する場合は、マイクロソフトクラウドサービスアカウント（Azure Active Directory組織アカウント）を使用してサインインする必要があります（図8.25）。サインイン後、マイクロソフト機密保持契約書を確認して同意することで、資料をダウンロードできます。

図8.25：Service Trust Portalへのサインイン

ここが
ポイント

Service Trust Portalのコンプライアンス資料には、マイクロソフトクラウドサービスア
カウントを使用してアクセスできます。

また、Service Trust Portalの「マイライブラリ」機能を使用すると、頻繁に
アクセスするドキュメントを1つの場所に保存しておくことができます（図
8.26）。

図8.26：Service Trust Portalのマイライブラリ機能

ここが
ポイント

> マイライブラリ機能を使用すると、Service Trust Portalのドキュメントを1つの場所に保存できます。

■ トラストセンター

　トラストセンターは、マイクロソフトのクラウドサービスにおけるセキュリティ、コンプライアンス、プライバシーに関する詳細情報を公開しているWebサイトです（図8.27）。Service Trust Portalよりも幅広い情報を提供しており、誰でも自由にアクセスすることができます。トラストセンターでは、マイクロソフトのコンプライアンスに関する動画や、クラウドサービスが収集した個人情報などのデータをどのように保護および管理しているかという詳細情報、取得したコンプライアンス認証とそれに関するドキュメントやブログなどの公開を行っています。

図8.27：トラストセンター画面

ここが
ポイント

トラストセンターは、誰でも自由にアクセスできるWebサイトです。

　トラストセンターの「コンプライアンス認証」ページでは、マイクロソフトが取得しているコンプライアンス認証が、次のカテゴリーで分類されています。

・グローバル
・米国政府
・金融サービス
・医療とライフサイエンス
・自動車、教育、エネルギー、メディア、通信
・地域-南北アメリカ
・地域-アジア太平洋
・地域-ヨーロッパ、中近東およびアメリカ

　たとえば、「地域-アジア太平洋」カテゴリーの中には「日本のマイナンバー法」があり、そこには日本のマイナンバーの法的要件を満たして、マイクロソフトの

クラウドサービスを展開できることが記載されています。このように、トラストセンターでは、マイクロソフトのクラウド製品がさまざまな地域のコンプライアンス要件に準拠しているかどうかなども確認できます。トラストセンターは、マイクロソフトのクラウドサービス全体のセキュリティ、プライバシー、コンプライアンス、機能に関する詳細な情報を提供するWebサイトです。

トラストセンターは、マイクロソフトのクラウドサービス全体のセキュリティ、プライバシー、コンプライアンス、機能に関する詳細な情報を提供します。

ここが
ポイント

トラストセンターは、Azureが特定の地域のコンプライアンス要件に準拠しているかどうかを確認できます。

第
8
章

8.2 Azureの監視

Azureにリソースを作成した後は、そのリソースに問題がないかを日々監視し、トラブルが発生した場合は、管理者に通知をする仕組みが必要です。ここでは、Azureに用意されているさまざまな監視の機能について説明します。

8.2.1 Azure Advisor

Azure Advisorとは、Azureのベストプラクティス（最善の方法）に従ってAzureリソースの構築や運用に関するアドバイスを行ってくれるサービスです。Azureにはたくさんのサービスが存在し、ユーザーはそれらを組み合わせてシステムを構築します。その際に、適切なサイズのリソースを使用しているのか、セキュリティ面に脆弱性はないかなどをすべて自分たちで考え、最適な状態で運用を行うのは困難な場合があります。Azure Advisorを使用すると、サブスクリプション内にあるAzureリソースの構成や利用統計情報を自動的に分析し、コストの費用対効果、セキュリティ、信頼性（高可用性）、パフォーマンスを向上させるための推

奨事項が提供されます。そのため、ユーザーはサブスクリプションの環境がベストプラクティスに従っているかを確認しながら、システムを構築することができます（図8.28）。

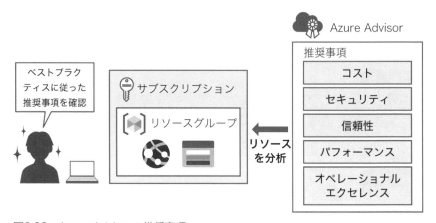

図8.28：Azure Advisorの推奨事項

Azure Advisorが提供する推奨事項は、5つのカテゴリーに分類されます。

・コスト
・セキュリティ
・信頼性（高可用性）
・パフォーマンス
・オペレーショナルエクセレンス

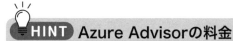

HINT　Azure Advisorの料金

Azure Advisorは無償で使用できます。ただし、推奨事項に従った構成を行う場合に、そのリソースに関する料金が発生する場合があります。

ここが
ポイント

Azure Advisorを使用すると、Azureの環境がベストプラクティスに従っているかを確認しながら、システムを構築することができます。

■ コスト

推奨事項の「コスト」は、Azureリソースの全体的な支出を最適化し、不要なコストを削減するのに役立ちます。たとえば、次の推奨事項を表示します。

・十分に活用されておらず、使用率が低い仮想マシンのサイズ変更、または停止を行うことを推奨
・仮想マシンに接続されておらず、孤立したディスクの存在を告知
・コストを削減できる「予約」購入の推奨

ここが
ポイント

Azure Advisorは、十分に活用されていない仮想マシンを特定し、コストの削減方法に関する推奨事項を提供します。

■ セキュリティ

推奨事項の「セキュリティ」は、セキュリティに関する脅威と脆弱性を検出し、サブスクリプション環境のセキュリティレベルを向上するのに役立ちます。推奨事項はMicrosoft Defender for Cloudと統合して提供されます。たとえば、次の推奨事項を表示します。

・MFA（多要素認証）を有効にする必要がある
・インターネットに接続する仮想マシンはNSGを使用して保護する必要がある

参照

MFA（多要素認証）については、第7章の「7.1.5 Azure Active Directory（Microsoft Entra ID）のライセンスと主な機能」を参照してください。

また、Microsoft Defender for Cloudについての詳細は、第7章の「7.2.3 Microsoft Defender for Cloud」を参照してください。

第8章

HINT　NSGとは

NSGとは「ネットワークセキュリティグループ」のことで、仮想マシンやサブネットに設定するアクセス制御のリストです。NSGにルールを追加することにより、特定のネットワークの通信を許可、または拒否することができます。たとえばNSGを構成することにより、インターネットからの仮想マシンへの特定の接続（リモートデスクトップ接続など）を許可することができます。NSGについての詳細は、第5章の「5.1.2 ネットワークセキュリティグループ（NSG）」を参照してください。

　セキュリティに関する推奨事項は、Azureリソースに関するものだけではなく、MFAの構成などAzure AD（Microsoft Entra ID）環境に関連するものも含まれます。推奨事項に従った実装を行うと、サブスクリプション環境のセキュリティレベルが向上し、Microsoft Defender for Cloudに表示される「セキュアスコア」に反映されます（図8.29）。

図8.29：Microsoft Defender for Cloudのセキュアスコア

ここが
ポイント

Azure Advisorはセキュリティに関する推奨事項を提供します。推奨された項目を実装すると、Microsoft Defender for Cloudのセキュアスコアが向上します。

ここが
ポイント

Azure Advisorは、Azure AD環境のセキュリティレベルの向上に関する推奨事項も提供
します。

■ 信頼性（高可用性）

推奨事項の「信頼性」は、Azureリソースやアプリケーションの可用性を向上
するのに役立ちます。たとえば、次の推奨事項を表示します。

- 仮想マシンに対してAzure Backup（バックアップのサービス）を有効にす
る
- ストレージアカウントでデータを誤って削除した場合でもデータを復旧でき
る機能を有効化する
- 仮想マシンのレプリケーションを有効にする

次の図8.30では、Azure Advisorに表示された推奨事項をクリックした後の
バックアップの構成を行っていない仮想マシンの一覧が表示されています。この
ように、Azure Advisorはどの仮想マシンに対して操作を行えばいいのかを表示
してくれますが、リソースの構築手順を教えてくれるガイドの機能はないため、
自分で設定を行う必要があります。

	仮想マシン (クラシック)	推奨アクション	サブスクリプション	最終更新日時	操作
	vm2303240	EnableBackup		2023/2/03 02:47	後で｜無視
	0	EnableBackup		2023/2/03 02:47	後で｜無視
	2	EnableBackup		2023/2/03 02:46	後で｜無視

Virtual Machines でバックアップを有効にする
Feedback　CSV 形式でダウンロード　PDF 形式でダウンロード　アラートの作成
グループ化なし
アクティブ (3)　延期と却下
後で　無視
選択

図8.30：仮想マシンのバックアップの推奨

Azure Advisorは、Azure Backupによって保護されていない仮想マシンの一覧を表示します。

Azure Advisorには、リソースの構築手順を教えてくれるガイドの機能はありません。

■ パフォーマンス

推奨事項の「パフォーマンス」は、Azureリソースやアプリケーションの応答速度などのパフォーマンスを向上するために役立ちます。たとえば、次の推奨事項が表示されます。

- ・ストレージアカウントのPremiumレベルを使用して、仮想マシンのディスクのパフォーマンスと信頼性を向上させる
- ・Azure Virtual Desktop仮想マシンのセッション上限を変更して、パフォーマンスを向上させる

■ オペレーショナルエクセレンス

推奨事項の「オペレーショナルエクセレンス」は、Azureリソースの管理や展開方法を効率化するのに役立ちます。たとえば、次の推奨事項が表示されます

- ・Azureで障害が発生して自社リソースが影響を受ける場合、管理者に通知するためのアラートを作成する
- ・作成したストレージアカウントリソースの数が、サブスクリプションの上限に近づいた場合に勧告する

このように、Azure Advisorは既存のリソースに対して、さまざまな推奨事項を提供します。ただし、これはあくまでも「推奨」です。推奨事項に従った構成を行わなかったとしても、それはユーザーの自由であり、マイクロソフトに何かを制限されるわけではありません。しかし、セキュリティの推奨事項など実際の運用に参考になる内容がたくさんあるため、できる限り推奨事項に従った構成を行うことをお勧めします。

ここが
ポイント

推奨事項に従った構成を行わなかったとしても、マイクロソフトに何かを制限されるわけ
ではありません。

8.2.2 Azure Service Health（サービス正常性）

Azure Service Health（サービス正常性）は、Azureリージョンのサービスご
との障害状況や計画メンテナンスの予定、サービスに影響するイベントなどに関
する情報を提供します。前述したように、Azureでシステムを構築している場合、
データセンターのハードウェア障害や計画メンテナンスの影響でAzureのサービ
スやリソースが一時的に使用できなくなることがあります。Azure Service
Healthは、Azureのサービスやリソースが正常に動作しているかどうかを監視し、
それらの情報をユーザーに提供するサービスです。

Azure Service Healthは次の3つのサービスで構成されています。

・Azureの状態
・Service Health（サービス正常性）
・Resource Health（リソース正常性）

第8章

■ Azureの状態

　「Azureの状態」は、大規模なサービス停止の追跡に最適なWebサイトです（図8.31）。

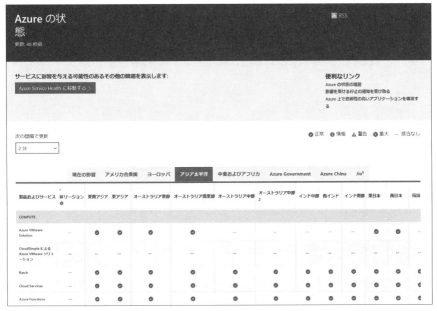

図8.31：Azureの状態画面

　Azureの状態ページは、リージョンごとのAzureサービスの正常性が表示され、リアルタイムに更新されます。更新間隔は2分〜30分の間で選択できます。サービスが問題なく動作している場合は緑色のチェックアイコン、重大な障害が起きている場合は赤色のバツ印のアイコンで表示されます。Azureの状態ページには誰でもアクセスできるため、Azure portalにログインできない場合に便利です。

> **HINT　Azureの状態の確認**
>
> Azureの状態を確認したい場合は、以下のURLにアクセスしてください。
> https://status.azure.com/ja-jp/status

■ サービス正常性

サービス正常性は、Azure portalからアクセスしてAzureサービスの正常性に関する情報を確認できる、総合的なダッシュボードです（図8.32）。

図8.32：サービス正常性

サービス正常性では、次の4つに関するイベントを確認および追跡できます。

- ・サービスに関する問題…すぐに影響があるAzureサービスの障害
- ・計画メンテナンス…使用しているサービスに影響する可能性があるメンテナンスの予定
- ・正常性の勧告…Azureサービスの機能の変更情報（非推奨になるAzureの機能など）
- ・セキュリティアドバイザリ…Azureサービスの可用性に影響する可能性があるセキュリティ関連の通知や違反情報

サービス正常性では、何らかのサービスに障害があった場合に、発生した障害の内容、影響を受けるサービスやリージョン、何が原因でどのように対応したかという情報が公開されます（図8.33）。

図8.33：サービス正常性の履歴

■ リソース正常性

　リソース正常性は、ユーザーが管理する仮想マシン、App Service、ストレージアカウントなどの特定のリソースに関する正常性情報を提供します。たとえば、サブスクリプション内に仮想マシンが3台ある場合、3台の仮想マシンの正常性を表示します。緑色のチェックアイコンが表示されている場合、問題なく動作していることを示します。図8.34では、vm1とvm2が正常な仮想マシンとして表示されています。

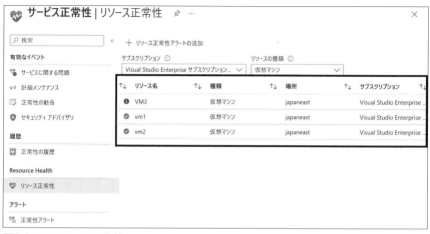

図8.34：リソース正常性

　正常ではない仮想マシン名をクリックすると、画面上にその原因と対処方法が表示されます。

■ 正常性アラート

　障害が発生した時や作成したリソースに何らかの影響がある場合、管理者は迅速に対応する必要があります。Azure Service Healthには「正常性アラート」という機能があり、Azureサービスの正常性通知をメールなどで受け取ることができます。通知を受け取るには「サービス正常性アラート」を作成し、次の項目を指定します。

　　・影響を受けるサブスクリプション
　　・影響を受けるリソースの種類（仮想マシンやApp Serviceなど）
　　・影響を受けるリージョン
　　・イベントの種類（サービスの問題、計画メンテナンスなど）
　　・誰にどんな方法で通知するのか（電子メール、SMSなど）

　正常性アラートを作成することで、Azureサービスに障害が発生した場合や、作成したリソースに対するメンテナンスの実行が予定された場合に、管理者は通知を受け取り対応することができます（図8.35）。

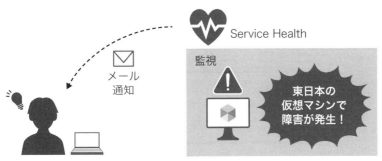

図8.35：Azure Service Healthによる通知

Azure Service Healthを使用すると、管理者はAzureサービスに障害が発生した場合や、作成したリソースに対するメンテナンスの実行が予定された場合に、通知を受け取ることができます。

　Azure Service Healthは、Azureの状態、サービス正常性、リソース正常性を使用して、Azureサービスや特定のリソースなどAzure環境全体の正常性に関する情報を確認することができます。ただし、これはあくまでも正常性の状態を監視するサービスであり、リソースを障害から保護することはできないことに注意してください。障害は必ず発生するものだと考え、障害に備えるための構成を事前に行うことをお勧めします。これまで解説した「可用性セット」「可用性ゾーン」「地理的分散（geo-distribution）」「冗長化オプション」などをうまく活用し、障害に強いシステムの実装を行ってください。

 HINT Azure Service Healthの料金

Azure Service Healthは無料で使用できます。

Azure Service Healthを使用すると、Azureサービスや特定のリソースの正常性に関する情報を確認できます。

8.2.3 Azure Monitor（モニター）

Azure MonitorはAzureの監視用のサービスです。Azureリソースやオンプレ
ミスのサーバーなどから情報を収集し、監視に必要な機能を提供します。システ
ムを運用する上で、監視の仕組みは非常に重要です。監視を適切に行うことで、
運用しているアプリケーションや依存しているリソースのパフォーマンスの分析、
アプリケーションのエラーやハードウェアの異常などを検知し、システムの停止
などを防ぐことができます。Azure Monitorにはさまざまな機能が備わっており、
Azureのリソースだけでなく、オンプレミスのサーバーやアプリケーション、他
のクラウドプロバイダーのリソースの監視も行えます（図8.36）。

第8章

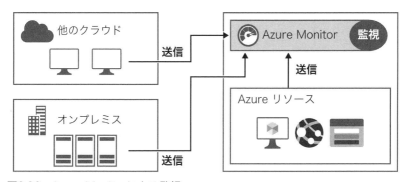

図8.36：Azure Monitorによる監視

Azure Monitorは収集したさまざまなデータを「メトリック」と「ログ」の形
でデータストアに格納します。

■メトリック

メトリックとは、「リソースのパフォーマンスに関する数値データ」です。たとえば、仮想マシンのCPUの使用率や、App Serviceでサーバーエラーが起こった回数などを収集し、折れ線グラフなどでグラフィカルに表示することができます。メトリックはAzure Monitorによって既定で収集され、無償で確認できます。Azure portalで確認する場合、Azure Monitorの「メトリック」ページで、さまざまなグラフを閲覧できます（図8.37）。

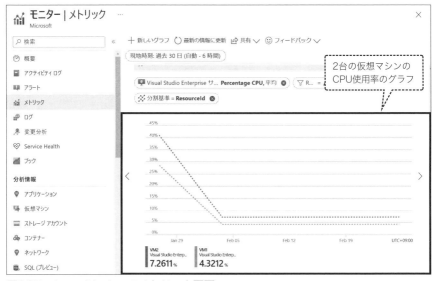

図8.37：Azure Monitorのメトリック画面

> **HINT　無償で収集されるメトリックの保持期間**
>
> 無償で収集されるメトリックの保持期間は90日間です。90日以上データを保持したい場合や詳細の分析を行いたい場合は、ストレージアカウントまたはLog Analyticsワークスペースに格納するようにしてください。Log Analyticsワークスペースについては後述します。

■ログ

ログとは、「システム内で発生したイベントのテキストデータ」です。Azureで取得できるログには次の2種類があります。

・アクティビティログ
・リソースログ

アクティビティログは、Azureサブスクリプション内の管理操作のログです。「いつ」「誰が」「何を操作した」という内容が、ログとして記録されます。もし誰かが誤って本番稼働している仮想マシンを停止してしまった場合、「管理操作名（仮想マシンの停止）」「操作したユーザー」「タイムスタンプ」「状態（成功や失敗など）」「変更履歴」などの情報を追跡することができます（図8.38）。アクティビティログはAzure Monitorが無償で収集し、過去90日まで遡って確認することができます。

図8.38：仮想マシンのアクティビティログ

Azureテナントに複数のサブスクリプションが存在する場合、それぞれのサブスクリプションで発生したイベントや、その中のリソースを監視してアクティビティログを取得できます。また、アクティビティログはサブスクリプション環境の管理操作ログであるため、Azure AD（Microsoft Entra ID）のログとは種類が異なります。Azure ADではサインインログや監査ログを取得できます。それらのログを取得したい場合はAzure AD側の設定を行ってください。

ここが
ポイント

Azure Monitorは複数のサブスクリプションで発生したイベントや、サブスクリプション内のリソースを監視できます。

アクティビティログで、過去90日間に特定の管理操作を行ったユーザーを確認できます。

アクティビティログはAzureサブスクリプション環境の管理操作ログであり、Azure AD
のログとは異なります。

　リソースログは、Azureリソース固有の情報を表すログです。たとえば、スト
レージアカウントであれば、BLOBに対する読み取りや削除のイベントがあげら
れます。リソースログは既定で収集されないため、収集したい場合はユーザーが
自分で構成を行う必要があります。Azureリソースの「診断設定」メニューを使
用して、取得したいログとログの送信先を設定することができます。

診断設定を行うと、取得したいログを特定のリソースに送信できます。送信先はストレー
ジアカウントやLog Analyticsワークスペース（後述）などがあり、ログを格納するとそ
れぞれのリソースの料金が発生します。診断設定ではログと合わせてメトリックも送信で
き、分析や監査のために保存しておくことができます。

■ Log Analytics

　Log Analyticsは、Azure Monitorログが収集したログやメトリックデータを分
析するサービスです。Log Analyticsでデータの分析を行いたい場合、まず「Log
Analyticsワークスペース」というリソースを作成し、そこにログやメトリックな
どのパフォーマンスデータを保存します。たとえば、ストレージアカウントのロ
グを分析したい場合、ストレージアカウントの［診断設定］メニューを使用して、
分析したい情報をLog Analyticsワークスペースに送信する設定を行います（図
8.39）。

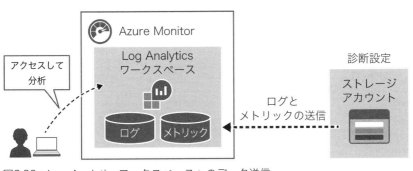

図8.39：Log Analyticsワークスペースへのデータ送信

ここが
ポイント

Azure Monitorで収集したパフォーマンスデータは、Log Analyticsワークスペースに保存できます。

Log Analyticsワークスペースに格納したデータを検索したい場合、Kusto（クスト）という言語を使用してクエリ（データの問い合わせ）を実行します。たとえば、ストレージアカウントのBLOBの削除に関するログを検索したい場合は、「StorageBlobLogs | where OperationName == 'DeleteBlob'」と記述してクエリを実行すると結果が出力されます（図8.40）。

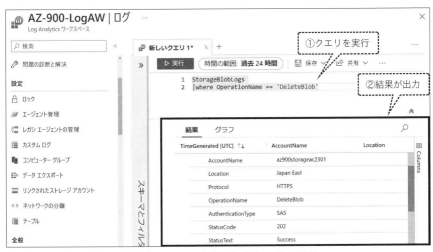

図8.40：Log Analyticsワークスペースを使用したクエリの実行

第
8
章

　また、ログのクエリはAzure Monitorの［ログ］メニューからも実行できます
（図8.41）。

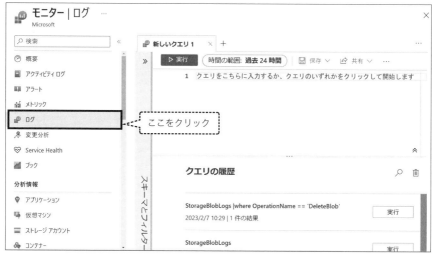

図8.41：Azure Monitorのクエリ実行画面

 ここが
ポイント

ログのクエリは、Log AnalyticsワークスペースとAzure Monitorの［ログ］メニューから実行できます。

■ Azure Monitorアラート

　Azure Monitorアラートは、Azureリソースで何か問題が発生した場合に管理者に通知を送信したり、問題に対応するためのアクションを実行することができる機能です。Azure Service Healthにも正常性アラートという機能がありましたが、Azure Monitorアラートの場合、アラートを生成するための細かな条件を設定することができます。

　アラートを生成するためには、まず「アラートルール」を作成します。アラートルールでは、アラートを生成するために監視する「スコープ（リソース範囲)」と、どのような場合にアラートを生成するかという「条件」を設定します。ス

コープはサブスクリプションや特定のリソースが対象となります。条件は、4つ
のシグナル（きっかけ）に分類されます（表8.1）。

シグナルの種類	説明
メトリック	リソースの数値データに関する条件
アクティビティログ	リソースの操作ログに関する条件
ログ	Log Analyticsワークスペース内のデータをもとにした条件
Resource Health	Azure Service Healthのリソース正常性の情報による条件

表8.1：アラート条件のシグナルの種類

　たとえば、仮想マシンリソースが誰かによって停止された場合にアラートを生
成したい場合、スコープは「仮想マシン」、シグナルは管理操作である「アクティ
ビティログ」を設定します。そしてアクティビティログの種類で「仮想マシンの
電源オフ（停止）」を選択すると、仮想マシンが停止した場合にアラートを送信で
きます（図8.42）。

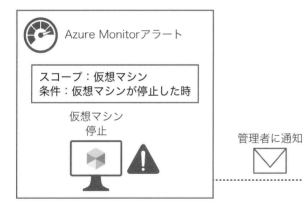

図8.42：Azure Monitorアラートの送信

　スコープと条件を設定した後は、「アクショングループ」を設定します。アク
ショングループは、アラートが発生した際に「誰」に「どのように」通知を送信
するかを設定します。たとえば、通知を行う方法として電子メール、SMS、
Azure Mobile Appsなどがあり、送信先として管理者の電子メールアドレスや電
話番号を登録できます。また、アクションのひとつとしてAzure Functionsなどの

第8章

335

サービスと統合し、アラートが発生した際の処理の自動化を行うこともできます。

アクショングループはAzure Service Healthでアラートを作成する場合にも使用できます。

アラートはAzure Monitorの機能です。

Azure Monitorは、仮想マシンを停止した場合にアラートを自動的に送信できます。

Azure Monitorは、Log Analyticsワークスペースのデータに基づいてアラートを送信できます。

Azure Monitorはアクショングループで設定された通知先にアラートを送信します。

■ Application Insights

　Application InsightsとはAzure Monitorのサービスの1つで、Webアプリケーションを監視することができます。Application Insightsは、Azure、オンプレミス、別のクラウド環境で実行されているアプリケーションを監視して、Webアプリケーションに特化したさまざまな情報を取得できます。取得できる情報の例は、次の通りです。

- アプリケーションの要求数や応答時間
- アプリケーションで発生したエラーの回数や詳細
- アプリケーションが連携している外部サービス（ストレージアカウントなど）やそのサービスの呼び出し時間
- アプリケーションを使用するユーザーの分析情報
- アプリケーションを実行するWindowsやLinuxサーバーのCPU、メモリ、ネットワーク使用率

　また、Application Insightsはアプリケーションが正常に動いているかどうかを確認する機能があり、アプリケーションに定期的に要求を送信して、正常な応答が返ってくるかどうかを監視できます。もしアプリケーションで何らかの障害が発生し応答が返ってこなかった場合、アラート使用して管理者に通知を送信できます（図8.43）。

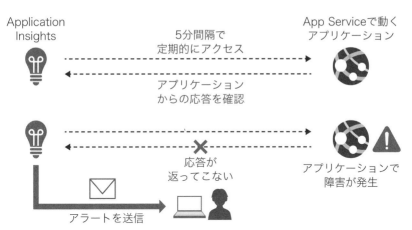

図8.43：Application Insightsの可用性確認

　このように、Azureには監視を行うためのさまざまなサービスが備わっています。Azureでシステムを構築する際は、これらのサービスを使用してリソースなどを監視し、障害などが起こった際に迅速に対応できる体制を整えておくことをお勧めします。

練習問題

問題 8-1

RG1という名前のリソースグループがあります。RG2で仮想ネットワークと
Azure Functionsを作成する予定です。RG1でのみ仮想マシンの作成を防止した
いと考えています。何を使用すればいいですか？

A. RBACロール
B. ロック
C. タグ
D. Azure Policy

問題 8-2

Azure Policyイニシアチブの説明を選択してください。

A. ポリシー定義割り当ての集合体
B. ポリシー定義の集合体
C. Azure Blueprints定義のグループ
D. RBACロール割り当てのグループ

問題 8-3

RG1という名前のリソースグループにVNET1という名前の仮想ネットワークが
あります。RG1にAzure Policyを割り当て、仮想ネットワークが許可されている
リソースの種類ではないことを指定します。ポリシー割り当て後、RG1内の
VNET1はどうなりますか？

A. 自動的に削除される
B. 自動的に別のリソースグループに移動する
C. 正常に機能し続ける
D. 読み取り専用になる

問題 8-4

Azureリソースは、リソースグループからロックを継承します。
この文章は正しいですか？

A. はい、正しいです
B. いいえ、正しくありません

問題 8-5

RG1という名前のリソースグループに削除ロックがあります。管理者がRG1を削除する場合、何をする必要がありますか？

A. RG1を削除する前にAzure Policyを変更する
B. RG1を削除する前に削除ロックを削除する
C. RG1を削除する前タグを追加する

問題 8-6

Azureリソースに読み取り専用ロックがある場合、リソースに削除ロックを追加できます。
この文章は正しいですか？

A. はい、正しいです
B. いいえ、正しくありません

問題 8-7

Azure環境の標準化のためにAzure Blueprintsを使用しようと考えています。
Azure Blueprintsはリソースグループに割り当てることができますか？

A. はい、できます
B. いいえ、できません

問題 8-8

Service Trust Portalのマイライブラリ機能を使用すると、ドキュメントを1つの場所に保存できます。

この文章は正しいですか？

A. はい、正しいです
B. いいえ、正しくありません

問題 8-9

あなたの会社は、オンプレミスにあるデータをAzureに移行することを計画しています。Azureが会社の地域要件に準拠しているかどうかを確認するためには何を使用しますか？

A. トラストセンター
B. ナレッジセンター
C. Azure portal

問題 8-10

Azure Advisorを使用して実行できることはどれですか？

A. Azureソリューションのコストを見積もる
B. Active DirectoryとAzure ADを統合する
C. サブスクリプションのセキュリティがベストプラクティスに従っていることを確認する
D. Azureに移行できるオンプレミスのリソースを評価する

問題 8-11

Azure Advisorが提供するセキュリティの推奨事項を実装すると、会社のセキュアスコアが低下します。

この文章は正しいですか？

A. はい、正しいです
B. いいえ、正しくありません

問題 8-12

　管理者は、Azureサービスに障害が発生した場合にAzure Service Healthから
アラートを受け取ることができます。
　この文章は正しいですか？

　A. はい、正しいです
　B. いいえ、正しくありません

問題 8-13

　過去20日間に特定の仮想マシンを停止したユーザーを確認するには、何を使用
しますか？

　A. RBAC
　B. Azure Event Hub
　C. Azure Service Health
　D. アクティビティログ

問題 8-14

　Azure MonitorはAzure AD（Microsoft Entra ID）のセキュリティグループ
にアラートを送信できます。
　この文章は正しいですか？

　A. はい、正しいです
　B. いいえ、正しくありません

第
8
章

練習問題の解答と解説

問題 8-1 正解 **D**　　　　　　　　　　　　　　✎ 復習 8.1.1 「Azure Policy」

　Azure Policyは、サブスクリプションやリソースグループに対して特定のリソースの作成の拒否や作成できる仮想マシンのサイズ制限などのポリシーを構成できます。

問題 8-2 正解 **B**　　　　　　　　　　　　　　✎ 復習 8.1.1 「Azure Policy」

　イニシアチブとは、ポリシー定義の集合体です。

問題 8-3 正解 **C**　　　　　　　　　　　　　　✎ 復習 8.1.1 「Azure Policy」

　Azure Policy定義の割り当て後、ポリシーに準拠していない既存のリソースは正常に機能し続けます。

問題 8-4 正解 **A**　　　　　　　　　　　　　✎ 復習 8.1.2 「リソースロック」

　ロックは下位リソースに継承されるため、リソースグループ内のリソースは、構成されているロックを継承します。

問題 8-5 正解 **B**　　　　　　　　　　　　　✎ 復習 8.1.2 「リソースロック」

　ロックされたリソースを変更するには、ロックを削除する必要があります。

問題 8-6 正解 **A**　　　　　　　　　　　　　✎ 復習 8.1.2 「リソースロック」

　リソースには複数のロックを構成できます。読み取り専用ロックが構成されている場合、読み取り専用ロックや削除ロックを追加できます。また削除ロックが構成されている場合も同様です。

問題 8-7 正解 **B**　　　　　　　　✎ 復習 8.1.3 「Azure Blueprints（ブループリント）」

　Azure Blueprintsは、サブスクリプションに割り当てることでサブスクリプション環境の標準化を行います。

問題 8-8 **正解** A　　　　　　　復習 8.1.4 「Service Trust Portalとトラストセンター」

　Service Trust Portalの「マイライブラリ」機能を使用すると、頻繁にアクセスするドキュメントを1つの場所に保存しておくことができます。

問題 8-9 **正解** A　　　　　　　復習 8.1.4 「Service Trust Portalとトラストセンター」

　トラストセンターを使用して、さまざまな地域のコンプライアンス要件に準拠しているかどうかを確認できます。

問題 8-10 **正解** C　　　　　　　　　　　復習 8.2.1 「Azure Advisor」

　Azure Advisorを使用して、サブスクリプションがベストプラクティスに従っていることを確認できます。

問題 8-11 **正解** B　　　　　　　　　　　復習 8.2.1 「Azure Advisor」

　Azure Advisorの推奨事項に従った実装を行うと、セキュリティレベルが向上し、Microsoft Defender for Cloudに表示されるセキュアスコアも向上します。

問題 8-12 **正解** A　　　　　　復習 8.2.2 「Azure Service Health（サービス正常性）」

　Azure Service Healthを使用すると、管理者はAzureサービスに障害が発生した場合や、作成したリソースに対するメンテナンスの実行が予定された場合に、通知を受け取ることができます。

問題 8-13 **正解** D　　　　　　　　　復習 8.2.3 「Azure Monitor（モニター）」

　Azure Monitorが収集する「アクティビティログ」で、過去90日間に特定の管理操作を行ったユーザーを確認できます。

問題 8-14 **正解** B　　　　　　　　　復習 8.2.3 「Azure Monitor（モニター）」

　Azure Monitorは、「アクショングループ」で設定した通知先にアラートを送信します。

模擬問題

ここまで学習してきた内容をもとに、最後の総仕上げとして模擬問題にチャレンジしましょう。
試験を受ける前に、各章の練習問題と、本模擬問題をすべて解けるようにしておくことをオススメします。

- 問題数　35問
- 制限時間　45分
- 目標　70%（25問）

※本試験の問題数は、模擬問題の問題数と異なることがあります。

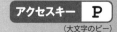
アクセスキー　**P**
（大文字のピー）

模擬問題

問題文中の（　　）にあてはまるものを選択肢から選んでください。

Azure Cosmos DBは、（　　）のクラウドサービスモデルに該当します。

A. Infrastructure as a Service（IaaS）
B. Platform as a Service（PaaS）
C. Software as a Service（SaaS）
D. Desktop as a Service（DaaS）

次の各ステートメントについて、正しければ「はい」を選択してください。
誤っている場合は「いいえ」を選択してください。

①トラストセンターは、Microsoft Defender for Cloudの一部である。
②トラストセンターには、Azureサブスクリプションを持つユーザーのみがアクセスできる。
③トラストセンターは、Azureなどのコンプライアンスに関する情報を提供する。

問題 3

あなたの会社は、いくつかのサーバーをAzureに移行する予定です。
Azureに移行するApSvrというアプリケーションサーバーは、他のサーバーとは
隔離されたネットワークに配置する必要があります。

移行の計画として適切なものを選択してください。

A. ApSvrとその他のサーバーを、異なるリソースグループに配置する
B. ApSvrとその他のサーバーを、異なる可用性セットに配置する
C. ApSvrとその他のサーバーを、異なる仮想ネットワークに配置する
D. ApSvrに対し、リソースロックを設定する

問題 4

次の各ステートメントについて、正しければ「はい」を選択してください。
誤っている場合は「いいえ」を選択してください。

①Azureリソースは、同じリソースグループ内の他のリソースにのみアクセス
　可能である。
②リソースグループを削除しても、リソースグループ内のリソースは削除され
　ない。
③Azure仮想マシンは、同時に2つ以上のリソースグループに含めることがで
　きる。

問題 5

次の各ステートメントについて、正しければ「はい」を選択してください。
誤っている場合は「いいえ」を選択してください。

①米国には、リージョンが1つだけ存在する。
②すべてのリージョンで、可用性ゾーンを利用できる。
③異なるリージョン間で行われるデータ転送は、常に無料である。

問題 6

次の各ステートメントについて、正しければ「はい」を選択してください。
誤っている場合は「いいえ」を選択してください。

①パブリッククラウドを使用するには、物理サーバーが必要である。
②パブリッククラウドの容量は、オンプレミスのサーバーよりも安価に増やせる。
③パブリッククラウドを使用するには、インターネット接続が必要である。

問題 7

3つのストレージアカウントがあります。冗長化オプションを冗長性に低い順に並べてください。

ストレージアカウント名	冗長化オプション
Storage1	GRS
Storage2	LRS
Storage3	ZRS

問題 8

オンプレミスのActive Directoryフォレストには、500人のユーザーアカウントが含まれています。あなたの会社は、すべてのネットワークリソースをAzureに移行し、オンプレミスのデータセンターを廃止することを計画しています。移行後のユーザーへの影響を最小限に抑えるには、何を計画に含めるべきですか？正しいものを選択してください。

A. すべてのユーザーのパスワードを変更する
B. Azure Active Directoryに、500人分のゲストユーザーアカウントを登録する
C. すべてのユーザーアカウントをAzure Active Directoryに同期する
D. Azure AD Multi-Factor Authentication（Azure AD MFA）を実装する

問題 **9**

Azure仮想マシンとAzure SQL Databasesに使用されるクラウドサービスは何ですか？

下記のサービスに一致するクラウドサービスを選択肢から選んでください。

番号	サービス	クラウドサービス
①	Azure仮想マシン	
②	Azure SQL Databases	

	クラウドサービス
A	Infrastructure as a Service（IaaS）
B	Platform as a Service（PaaS）
C	Software as a Service（SaaS）

問題 **10**

次の各ステートメントについて、正しければ「はい」を選択してください。
誤っている場合は「いいえ」を選択してください。

①可用性ゾーンは無料で使用できる。
②可用性ゾーンを使用できるのは、Windows Serverを実行する仮想マシンのみである。
③可用性ゾーンを使用すると、仮想マシン上のデータは自動的にレプリケートされる。

問題 11

次の各ステートメントについて、正しければ「はい」を選択してください。
誤っている場合は「いいえ」を選択してください。

①Azure Virtual Machine Scale Setsの仮想マシンの台数は、自動的に減らすことができる。
②Azure Virtual Machine Scale Setsの仮想マシンの台数は、自動的に増やすことができる。
③Azure Virtual Machine Scale Setsのすべての仮想マシンは、同じように構成される。

問題 12

PremiumブロックBLOBストレージアカウントは、どの冗長化オプションをサポートしますか? 正しいものを2つ選択してください。

A. GRS
B. GZRS
C. ZRS
D. LRS

問題 13

次のステートメントに一致するクラウドモデルを選択肢から選択してください。

番号	ステートメント	クラウドモデル
①	資本的支出（CAPEX）は不要	
②	セキュリティを完全にコントロールできる	
③	オンプレミスを使用するか、クラウドベースのリソースを使用するかを選択できる	

	クラウドモデル
A	パブリッククラウド
B	プライベートクラウド
C	ハイブリッドクラウド

問題 14

Androidデバイスから Azure 仮想マシンを新規作成する必要があります。
次の操作で仮想マシンを作成することができれば「はい」を選択し、そうでない場合は「いいえ」を選択してください。

①Azure Cloud Shellで、PowerShellを使用する。
②Azure portalを使用する。
③Azure Cloud Shellで、Bashを使用する。
④Power Appsポータルを使用する。

問題 **15**

次の各ステートメントについて、正しければ「はい」を選択してください。
誤っている場合は「いいえ」を選択してください。

①Azure Virtual Desktopは、デスクトップとアプリケーションの仮想化をサポートする。
②Azure Virtual Desktopのセッションホストは、Windows10またはWindows11のみ実行できる。
③20のセッションホストを含むAzure Virtual Desktopホストプールは、最大20の同時ユーザー接続をサポートする。

問題 **16**

次の各ステートメントについて、正しければ「はい」を選択してください。
誤っている場合は「いいえ」を選択してください。

①Azure portalは、Windowsのコンピューターからのみアクセスできる。
②Azure Cloud Shellは、LinuxコンピューターのWebブラウザーからアクセスできる。
③Azure PowerShellモジュールは、macOSにインストールできる。

問題 **17**

オンプレミスのネットワークにあるすべてのサーバーをAzureに移行する計画があります。1つのAzureのデータセンターが長期間オフラインになった場合でも、一部のサーバーを確実に使用できるようにする必要があります。どの項目を計画に含めるべきですか？

A. スケーラビリティ
B. 耐障害性
C. 低遅延
D. 弾力性（Elasticity）
E. 機敏性（Agility）

問題 18

次の各ステートメントについて、正しければ「はい」を選択してください。
誤っている場合は「いいえ」を選択してください。

①同じサービスを利用する場合であっても、リージョンの選択によりコストが
　異なる場合がある。
②Azure予約は、ストレージアカウントの容量を予約するために用いられる。
③未使用のネットワークインターフェイスを削除すると、コストの削減が見込
　める。

問題 19

次の各ステートメントについて、正しければ「はい」を選択してください。
誤っている場合は「いいえ」を選択してください。

①同じリージョンの仮想ネットワーク間は、既定で相互に接続される。
②同じリソースグループ内に複数の仮想ネットワークを作成する場合、仮想
　ネットワークは一意の名前を設定する必要がある。
③仮想ネットワークに設定するアドレス範囲は、サブスクリプション内で重複
　しないようにする必要がある。

問題 20

次の各ステートメントについて、正しければ「はい」を選択してください。
誤っている場合は「いいえ」を選択してください。

①多要素認証の一例として、写真付き身分証明書とパスポート番号を組み合わ
　せるというものがある。
②Azure Active Directoryで多要素認証を行うには、ドメインコントローラー
　が必要である。
③Azure Active Directoryの多要素認証は、管理者ユーザーのみ設定可能であ
　る。

問題 21

　管理者は、マイクロソフトがAzureリソースに影響を与える可能性のあるメンテナンスの実行を計画している場合に、通知を受けたいと考えています。何を使用しますか？

A. Azure Monitor
B. Azure Service Health（サービス正常性）
C. Azure Advisor
D. トラスト センター

問題 22

　可用性ゾーンを使用することで、Azureのどのような障害に対処できますか。

A. 物理サーバーの障害
B. リージョンの障害
C. ストレージの障害
D. データセンターの障害

問題 23

　次の各ステートメントについて、正しければ「はい」を選択してください。
誤っている場合は「いいえ」を選択してください。

①クラウドコンピューティングは仮想化を活用して、複数の顧客に同時にサービスを提供する。
②クラウドコンピューティングは、弾力性のあるスケーラビリティを提供する。
③顧客はパブリッククラウドを利用することにより、CAPEX（資本的支出）を最低限にすることができる。

問題 24

Azureのコストを決定する要素として、正しいものを3つ選択してください。

A. サービスレベル
B. 仮想マシンがインターネットから受信したデータ量
C. 仮想マシンがインターネットに送信したデータ量
D. リージョン
E. Blob Storageに保存したデータ容量

問題 25

Azureリージョンについての説明のうち、正しいものはどれですか。

A. 低遅延のネットワークで接続されたデータセンターの集まりである
B. 高遅延のネットワークで接続されたデータセンターの集まりである
C. マイクロソフトの事業所が存在する国または地域である
D. 1つの国または地域に1つだけ存在する

問題 26

次のステートメントに一致する用語を選択肢から選択してください。

番号	ステートメント	用語
①	ユーザーがいるすべてのリージョンにアプリを配置することで、ユーザーが常に最高のエクスペリエンスを享受できるようにする	
②	ダウンタイムのない継続的なユーザーエクスペリエンスを提供する	
③	クラウドアプリのコンピューティング容量を増やす	

	用語
A	ディザスター リカバリー
B	geo分散
C	高可用性
D	スケーラビリティ

問題 27

Azure CLIを使用してAzureを管理することを計画しています。Azure CLIをコンピューターにインストールします。Azure CLIを実行できるツールはどれですか？　2つ選択してください。

A. コマンドプロンプト
B. Azureリソースエクスプローラー
C. Windows Defender
D. Windows PowerShell
E. ネットワークと共有センター

問題 28

Azure File Syncエージェントを使用すると、オンプレミスのデータをどのAzureのサービスに同期できますか。

A. BLOBコンテナー
B. ファイル共有
C. Queue
D. テーブル

問題 29

次の各ステートメントについて、正しければ「はい」を選択してください。誤っている場合は「いいえ」を選択してください。

①ユーザーの資格情報を確認するプロセスを「認証」という。
②ユーザーのアクセスレベルを確認するプロセスを「認可」という。
③ユーザーの「知っているもの」「持っているもの」「ユーザー自身」から2要素以上を組み合わせて、ユーザーの資格情報を識別することをフェデレーションという。

問題 30

次のステートメントに一致するAzureガバナンス機能を下の選択肢から選んでください。

番号	ステートメント	機能
①	サブスクリプションで作成できる仮想マシンのサイズを制限する	
②	リソースの構成とロールの割り当てを含む、完全なAzure環境を作成する	
③	特定のコストセンターに関連付けられているAzureリソースを特定する	

	Azureガバナンス機能
A	Azure Blueprints
B	Azure Policy
C	リソースロック
D	タグ

問題 31

Azure Container Instancesは、どのAzureサービスに分類されますか？

A. IDサービス
B. コンピューティングサービス
C. ネットワークサービス
D. ストレージサービス

問題 32

Azure仮想マシンを作成する予定です。仮想マシンのデータディスクを格納するには、どのストレージサービスを使用できますか？

A. Azure BLOB
B. Azure Files
C. Azure Table
D. Azure Queue

問題 33

次の各ステートメントについて、正しければ「はい」を選択してください。誤っている場合は「いいえ」を選択してください。

①Azure Active Directoryの各ユーザーに割り当てることができるライセンスは、1つのみである。
②Azure Active Directoryには、ドメインコントローラーとして構成されているAzureの仮想マシンが最低でも1台必要。
③Azure Active Directoryは、AzureのリソースとMicrosoft 365の認証サービスである。

問題 34

AZ-900という名前のリソースグループを作成します。リソースグループ内の
リソースが削除されないようにする必要があります。そのためには、下の画面の
どのメニューをクリックしますか？

問題 35

複数のサブスクリプションにわたって、Azureリソースのコンプライアンスを
管理する機能を提供するサービスはどれですか？

A. リソースグループ
B. 管理グループ
C. App Serviceプラン
D. Azure Policy

模擬問題の解答と解説

問題1 **正解** B　　　　　　　　　　✎ 復習 1.2.2 「PaaS（Platform as a Service）」

　Azure Cosmos DBは、データベースをホストするサーバーを作成することなく、データベースを作成できるサービスです。したがって、PaaSのBが正解です。

問題2 **正解** ①いいえ、②いいえ、③はい　✎ 復習 8.1.4 「Service Trust Portalとトラストセンター」

　トラストセンターは、誰でもアクセスできるWebサイトであり、Microsoft Defender for Cloudとは別物です。したがって、①と②の答えは「いいえ」です。

　またトラストセンターは、マイクロソフトのクラウドサービス全体のセキュリティ、プライバシー、コンプライアンス、機能に関する詳細な情報を提供します。したがって、③の答えは「はい」です。

問題3 **正解** C　　　　　　　　　　✎ 復習 5.1.1 「仮想ネットワークとサブネット」

　異なる仮想ネットワークに配置したリソースは、既定で互いに接続できない状態になっています。したがって、Cが正解です。なお、異なる仮想ネットワーク間を接続したい場合、ピアリングなどの設定が必要です。

問題4 **正解** ①いいえ、②いいえ、③いいえ　✎ 復習 2.3.1 「リソースとリソースグループ」

　リソースグループは、リソース間の通信に影響を与えることはありません。ネットワークなどの設定が適切であれば、異なるリソースグループ間のリソースは通信可能です。したがって、①の答えは「いいえ」です。

　また、リソースグループを削除すると、リソースグループ内のリソースはすべて削除されます。したがって、②の答えは「いいえ」です。

　そして仮想マシンに限らず、リソースは同時に2つ以上のリソースグループに含めることはできません。したがって、③の答えは「いいえ」です。

問題 5 **正解**〉①いいえ、②いいえ、③いいえ

復習 2.1.1 「リージョンとは」
2.1.4 「可用性ゾーン」

　米国には10のリージョンが存在します（Azure Governmentを除く）。したがって、①の答えは「いいえ」です

　また、可用性ゾーンを利用できるリージョンは、規模の大きいリージョンに限定されています。たとえば日本の場合、「東日本リージョン」では利用できますが、「西日本リージョン」では利用できません。したがって、②の答えは「いいえ」です。

　そして、異なるリージョン間で行われるデータ転送には、テータ転送料が発生します。したがって、③の答えは「いいえ」です。

問題 6 **正解**〉①いいえ、②はい、③はい 復習 1.1.3 「クラウドモデルとは」

　パブリッククラウドは、クラウドサービスプロバイダーのハードウェアを使用するので、①の答えは「いいえ」です。

　そして、パブリッククラウドは初期投資が不要で、利用した分だけを支払う従量課金制です。一般的にパブリッククラウドは他の組織とコンピューティングリソースを共有するため、安価にシステムを構築できます。容量もオンプレミスのサーバーよりも安価に増やすことができます。したがって、②の答えは「はい」です。

　また、パブリッククラウドはインターネット経由でクラウドサービスプロバイダーのデータセンターに接続するため、③の答えは「はい」です。

問題 7 **正解**〉Storage2→Storage3→Storage1

復習 6.1.3 「ストレージ
アカウントの冗長化オプション」

　ストレージアカウントの冗長化オプションは、LRS→ZRS→GRS→GZRS→RA-GRS→RA-GZRSの順番で冗長性が高くなります。したがって、一番冗長性が低いのがLRSのStorage2です。次に冗長性が高いのがZRSのStorage3で、そして一番冗長性が高いのがGRSのStorage1です。

問題 8 **正解**〉C 復習 7.1.3 「Active Directory Domain Services（AD DS）」

　オンプレミスのユーザーがAzureに移行したリソースにアクセスするには、Azure AD（Microsoft Entra ID）側にユーザーアカウントを登録する必要があります。ディレクトリ同期によりオンプレミスのユーザーアカウントをAzure ADに同期すると、オンプレミスのユーザーは同じ資格情報を使用してクラウドのリソースにアクセスできるようになります。したがって、正解はCです。

問題 9 **正解** ①A、②B
復習 1.2.1 「IaaS（Infrastructure as a Service）」、1.2.2 「PaaS（Platform as a Service）」

　Azure仮想マシンはIaaSのサービスなので答えはAです。また、Azure SQL DatabaseはSQLサーバーをインストールすることなくデータベースを作成できるPaaSのサービスなので、Bとなります。

問題 10 **正解** ①はい、②いいえ、③いいえ
復習 2.1.4 「可用性ゾーン」

　可用性ゾーンは無料で使用できます。したがって、①の答えは「はい」です。
　また可用性ゾーンは、仮想マシンのOSを問わず利用できます。したがって、②の答えは「いいえ」です。
　そして、可用性ゾーンそのものにデータをレプリケート（複製）する仕組みは備わっていません。必要に応じてユーザー側で、複製する仕組みを実装する必要があります。したがって、③の答えは「いいえ」です。

問題 11 **正解** ①はい、②はい、③はい
復習 4.1.2 「Azure Virtual Machine Scale Sets」

　Azure Virtual Machine Scale Sets（仮想マシンスケールセット）には自動スケールの機能があり、仮想マシンの負荷の状況に合わせて自動的にインスタンス数を増減させることができます。したがって、①と②の答えは「はい」です。
　そして、仮想マシンスケールセットのインスタンスは、すべて同じ構成になります。たとえば、仮想マシンスケールセットにディスクを追加すると、すべてのインスタンスにディスクが追加され、仮想マシンスケールセットのサイズを変更すると、すべてのインスタンスのサイズが変更されます。したがって、③の答えは「はい」です。

問題 12 **正解** C、D
復習 6.1.3 「ストレージアカウントの冗長化オプション」

　ストレージアカウントの種類がStandard 汎用v2の場合は、すべての冗長化オプション（LRSからRA-GZRSまで）をサポートしていますが、Premium（ブロックBLOB、ファイル共有、ページBLOB）の場合は、LRSとZRSのみをサポートしています。

問題 13 **正解** ①A、②B、③C　　　　　　　✎ 復習 1.1.3 「クラウドモデルとは」

　パブリッククラウドは、クラウドサービスプロバイダーのハードウェアを使用するため、設備投資を含む資本的支出（CAPEX）は不要です。したがって、①の答えはAの「パブリッククラウド」です。

　そして、プライベートクラウドは自社内に仮想化の環境を作るため、セキュリティを完全に制御でき、さまざまな構成が可能です。したがって、②の答えはBの「プライベートクラウド」です。

　またハイブリッドクラウドは、オンプレミスとクラウドの両方を使用するモデルです。オンプレミスまたはクラウドのどちらかを使用するのかを選択できるのは、ハイブリッドクラウドです。したがって、③の答えはCの「ハイブリッドクラウド」です。

問題 14 **正解** ①はい、②はい、③はい、④いいえ　✎ 復習 3.2.5 「Azure Mobile Apps（モバイルアプリ）」

　Androidのデバイスを使用してAzureリソースを管理するには、Azure Mobile Appsを使用してAzure Cloud Shellを起動するか、ChromeなどのWebブラウザーを使用してAzure portalにアクセスします。Azure Cloud ShellにはAzure CLIがインストールされており、PowerShellとBashのスクリプトを実行できます。

問題 15 **正解** ①はい、②いいえ、③いいえ　✎ 復習 4.1.6 「Azure Virtual Desktop」

　Azure Virtual Desktopは、デスクトップ環境とアプリケーションの仮想化を行うことができます。したがって、①の答えは「はい」です。

　またAzure Virtual Desktopは、Windows10、Windows11以外のOSも使用できます。したがって、②の答えは「いいえ」です。

　そしてホストプールには、「仮想マシンの台数×セッション上限数」のユーザーが同時に接続できます。たとえば、仮想マシンの台数が20台でセッション上限数を3に設定した場合、60人のユーザーが同時に接続できます。したがって、③の答えは「いいえ」です。

模擬問題の解答と解説

復習 3.2.1 「Azure portal」
3.2.4 「Azure Cloud Shell」
3.2.2 「Azure PowerShell」

問題 16 **正解** ①いいえ、②はい、③はい

　Azure portalは、Windowsのコンピューターからだけではなく、Webブラウザーがインストールされているデバイスで、インターネットに繋がっていればアクセスできます。したがって、①の答えは「いいえ」です。

　また、Azure Cloud ShellもWebブラウザーを使用するため、さまざまなデバイスからアクセスできます。したがって、②の答えは「はい」です。

　そして、Azure PowerShellのモジュールは、Windows、Linux、macOSにインストールできます。したがって、③の答えは「はい」です。

問題 17 **正解** B
復習 1.1.2 「クラウドを利用するメリット」

　障害にも対応できる仕組みを「フォールトトレランス」、または「耐障害性」と呼びます。1つのAzureのデータセンターが長期間オフラインになったとしても、一部のサーバーを確実に使用できるようにしたいということなので、正解はBです。

問題 18 **正解** ①はい、②いいえ、③いいえ
復習 3.5.1 「Azureのコストに与える要因について」

　同じサービス、同じオプションでAzureサービスを利用した場合でも、リージョンにより価格は異なることがあります。したがって、①の答えは「はい」です。

　またAzure予約は、あらかじめ1年もしくは3年の継続利用をユーザーが確約する代わりに、割引を受けられるサービスです。したがって、②の答えは「いいえ」です。

　ネットワークインターフェイスは課金の対象ではないため、削除したとしてもコストの削減を見込むことはできません。したがって、③の答えは「いいえ」です。

問題 19 正解 ①いいえ、②はい、③いいえ ✎ 復習 5.1.1 「仮想ネットワークとサブネット」

　たとえ同じリージョンであっても、既定で仮想ネットワーク間が相互に接続されることはありません。仮想ネットワーク間を接続するには、ピアリングなどの設定が必要です。したがって、①の答えは「いいえ」です。

　また、仮想ネットワークに限らず、同じリソースグループ内のリソース名は重複しないように設定する必要があります。したがって、②の答えは「はい」です。

　サブスクリプション内で重複するネットワークアドレスを設定すると、ピアリングができない旨の警告は表示されますが、リソースを作成することは可能です。したがって、③の答えは「いいえ」です（下図）。

問題 20 正解 ①いいえ、②いいえ、③いいえ ✎ 復習 7.1.5 「Azure Active Directory のライセンスと主な機能」

　写真付き身分証明書とパスポート番号は、いずれもAzure Active Directory（Microsoft Entra ID）の多要素認証では使用できません。したがって、①の答えは「いいえ」です。

　Azure Active Directoryの多要素認証を行う上で、ドメインコントローラーは必要ありません。したがって、②の答えは「いいえ」です。

　Azure Active Directoryの多要素認証は管理者ユーザー、非管理者ユーザーの双方に設定可能です。したがって、③の答えは「いいえ」です。

問題 21 **正解** B ✒ 復習 8.2.2 「Azure Service Health（サービス正常性）」

Azure Service Healthの正常性アラートを使用すると、管理者はAzureサービスに障害が発生した場合や作成したリソースに対するメンテナンスの実行が予定された場合に通知を受け取ることができます。したがって、正解はBです。

問題 22 **正解** D ✒ 復習 2.1.4 「可用性ゾーン」

可用性ゾーンを使用すると、データセンターの障害に対処することができます。可用性ゾーンを使用して、リージョン内の複数のデータセンターに仮想マシンなどのリソースを分散して配置することで、一つのデータセンターで障害が発生したとしても、すべての仮想マシンが影響を受けるという事態を避けることができます。したがって、Dが正解です。

✒ 復習 1.1.1 「クラウドとは」、
1.1.2 「クラウドを利用するメリット」、
1.1.3 「クラウドモデルとは」

問題 23 **正解** ①はい、②はい、③はい

パブリッククラウドは、他の顧客とコンピューティングリソースを共有するため、安価にシステムを構築できます。したがって、①の答えは「はい」です。

また、クラウドコンピューティングを利用するメリットに弾力性（Elasticity）のある高いスケーラビリティがあります。一般的なクラウドサービスには、仮想マシン等に負荷がかかっている場合に、動的にリソースの割り当てを変更する仕組みがあります。したがって、②の答えも「はい」です。

そして、パブリッククラウドはクラウドサービスプロバイダーのリソースを使用するため、初期投資は不要です。したがって、CAPEX（資本的支出）は発生しません。したがって、③の答えは「はい」です。

問題 24 **正解** C、D、E ✒ 復習 3.5.2 「料金計算ツールと総所有コスト（TCO）計算ツール」

Azureのコストはさまざまな要因で決定されています。すべての料金オプションを確認するには料金計算ツールなどを使用する必要がありますが、試験対策としてはコストの大まかな特徴を理解しておく必要があります。サービスレベルは、個々のAzureの有償サービスにあらかじめ定められているものであり、コスト要因になりうるものではありません。またデータ転送料ですが、インターネットから受信したデータには課金が発生しませんが、インターネットに送信したデータは課金の対象となります。Blob Storageは、保存したデータ量やデータ読み書き操作量などに応じて課金されます。したがって、正解はC、D、Eです。

問題 25 正解 A
🖊 復習 2.1.1 「リージョンとは」

　リージョンとは、Azureサービスを提供するデータセンターの集まりの事です。日本には「東日本リージョン」「西日本リージョン」の2つのリージョンが存在します。リージョンは複数のデータセンターで構成されていますが、リージョン内のデータセンターは低遅延（タイムラグの少ない）のネットワークで接続されています。したがって、正解はAです。

問題 26 正解 ①B、②C、③D
🖊 復習 1.1.2 「クラウドを利用するメリット」

　アプリをユーザーがいるリージョンに分散して配置すると、ユーザーは最高のエクスペリエンスでアプリを使用する事ができます。したがって、①の答えはBの「geo分散」です。

　また高可用性とは、システムが停止する頻度や時間が極力少ないことを指します。②のダウンタイムのない継続的なユーザーエクスペリエンスを提供するのはCの「高可用性」です。

　そして、クラウドにはスケーラビリティの仕組みが備わっており、必要に応じてクラウドアプリなどのコンピューティング容量を増やすことができます。したがって、③の答えはDの「スケーラビリティ」です。

問題 27 正解 A、D
🖊 復習 3.2.3 「Azure CLI」

　Azure CLIのコマンドはWindows PowerShell、コマンドプロンプト、Bashを使用して実行できます。したがって、正解はAのコマンドプロンプトと、DのWindows PowerShellです。

問題 28 正解 B
🖊 復習 6.2.3 「Azure File Sync」

　オンプレミスのデータをAzure Filesに同期するには、オンプレミスのWindowsサーバーにAzure File Syncエージェントをインストールします。したがって、正解はBの「ファイル共有」です。

復習 7.1.1 「認証と認可」、7.1.5 「Azure Active Directory（Microsoft Entra ID）のライセンスと主な機能」

問題 29 正解 ①はい、②はい、③いいえ

　ユーザーの資格情報を識別するプロセスを認証といいます。例として、パスワードによる本人確認があります。したがって、①の答えは「はい」です。

　そして、ユーザーに設定されたアクセスレベルを確認するプロセスを「認可」または「承認」といいます。したがって、②の答えは「はい」です。

　また、ユーザーの「知っているもの」「持っているもの」「ユーザー自身」から2要素以上組み合わせてユーザーの資格情報を識別するのは、多要素認証（MFA）です。したがって、③の答えは「いいえ」です。

復習 3.5.4 「タグの利用」、8.1.1 「Azure Policy」、8.1.3 「Azure Blueprints（ブループリント）」

問題 30 正解 ①B、②A、③D

　Azure Policyを使用することで、会社のルールに準拠したAzure環境を運用できます。したがって、①の答えはBの「Azure Policy」です。

　またAzure Blueprintsは、Azure Policy、ロールの割り当て、ARMテンプレート、リソースグループを定義できます。定義済みの「Azure Blueprints」を実行すると、リソースの構成とロールの割り当てを含む完全なAzure環境を作成できます。したがって、②の答えはAの「Azure Blueprints」です。

　そしてタグを活用すると、コスト分析ツールや請求書でAzure料金の絞り込みができます。たとえば、各リソースにコストセンターのタグをセットしておくと、請求書等で特定のコストセンターの料金を確認できます。したがって、③の答えはDの「タグ」です。

復習 4.1.4 「コンテナーサービス」

問題 31 正解 B

　Azure Container Instancesは、Azureのコンピューティングサービスの中のコンテナーサービスに分類されます。

復習 6.1.1 「ストレージアカウントとは」

問題 32 正解 A

　仮想マシンのディスクはAzure BLOBに格納できます。したがって、正解はAです。

問題 33 正解 ①いいえ、②いいえ、③はい

復習 7.1.2 「Azure Active Directory
（Microsoft Entra ID）」、7.1.3 「Active
Directory Domain Services（AD DS）」

Azure Active Directory（Microsoft Entra ID）の ユーザーには、Azure Active Directory Premium P2（Microsoft Entra ID P2）やMicrosoft365のライセンスなど、複数のライセンスを割り当てることが可能です。したがって、①の答えは「いいえ」です。

ドメインコントローラーとはActive Directory Domain Services（AD DS）環境で認証を行うサーバーのことです。ドメインコントローラーのユーザー情報などをAzure Active Directoryに同期することは可能ですが、Azure Active Directoryに必須ではありません。したがって、②の答えは「いいえ」です。

Azure Active Directoryは、AzureのリソースやMicrosoft 365などに認証サービスを提供します。したがって、③の答えは「はい」です。

問題 34 正解 「ロック」（下図を参照）

復習 8.1.2 「リソースロック」

リソースが削除されるのを防ぐためには、リソースメニューの「ロック」をクリックし、削除ロックを構成します。

問題 35 正解 D

復習 8.1.1 「Azure Policy」

Azure Policyを管理グループに割り当てると、複数のサブスクリプションのコンプライアンス準拠状況を管理できます。

369

索引

著者紹介

田島 静 (たじま しずか)

マイクロソフト認定トレーナー（MCT）として、Azure、Microsoft 365、Dynamics 365など、数多くの研修コースの開発や実施、書籍の執筆を担当。外資系企業でサーバー構築、運用管理に従事した経験を持ち、豊富な経験に裏打ちされた実践的なインストラクションは、常に顧客から高い評価を得ている。趣味はガーデニングで、玄関周りの色とりどりの花に癒されている（ただし日々の水遣りは夫が担当）。

●認定
MCT（Microsoft Certified Trainer）
Microsoft Certified Azure Solution Architect Expert
Microsoft Certified Azure Security Engineer Associate

横山 依子 (よこやま よりこ)

マイクロソフト認定トレーナー（MCT）として、AzureやPower Platformを中心に数多くの研修コースの開発と講師を担当。新入社員からベテラン技術者まで、誰が聞いてもわかりやすい解説と評判の人気講師。カンファレンスやイベント、セミナーなどの講演多数。大切にしているモットーは、お客様の疑問を一緒に解決すること。

●認定
Microsoft Certified DevOps Engineer Expert
Microsoft Certified Azure Developer Associate
Microsoft Certified Azure Administrator Associate
Microsoft Certified Azure Security Engineer Associate

西野 和昭 (にしの かずあき)

インフラエンジニアを経てマイクロソフト認定トレーナー（MCT）となる。Active Directory、Azureを中心に数多くの研修コースを担当しており、丁寧なインストラクションは顧客から高い支持を得ている。仕事の傍ら大学院でAIも学んでおり、最新のAI技術にも造詣が深い。

●認定
Microsoft Certified Azure Network Engineer Associate
Microsoft Certified Azure Security Engineer Associate
Microsoft Certified Azure AI Engineer Associate

エディフィストラーニング株式会社

1997年に、株式会社野村総合研究所（NRI）の情報技術本部から独立し、IT教育専門会社の「NRIラーニングネットワーク株式会社」として設立。2009年に「エディフィストラーニング株式会社」と社名変更。2021年よりコムチュア株式会社のグループに参画し、システムインテグレーションサービスに不可欠な教育研修のノウハウを事業とし、ITベンダートレーニングやシステム上流工程トレーニングにも力を入れている。
Microsoft研修においては、Windows NTのころから25年以上の実績があり、Microsoft Azure、Microsoft 365、Power Platform、Active Directoryなど、オンプレミスからクラウドまで幅広くトレーニングを行っている。講師の質の高さが有名で、顧客企業からの評価は元より、マイクロソフト社などベンダーからの信頼も厚く、多くのアワードも受賞している。

装丁・本文デザイン／ハヤカワデザイン 早川いくを

DTP／株式会社明昌堂

エムシーピー
MCP教科書 Microsoft Azure Fundamentals（試験番号：AＺ-900）
マイクロソフト アジュール ファンダメンタルズ　エイゼット

2023年 9 月19日　初版第1刷発行

著者　　田島 静、西野 和昭、横山 依子
　　　　たじましずか　にしの かずあき　よこやま よりこ
発行人　佐々木 幹夫
発行所　株式会社 翔泳社（https://www.shoeisha.co.jp）
印刷　　昭和情報プロセス 株式会社
製本　　株式会社国宝社

ISBN978-4-7981-8080-9
Printed in Japan